国家科学技术学术著作出版基金资助出版

火力发电节能关键技术

贵州电网有限责任公司电力科学研究院　文贤馗　等　著

科　学　出　版　社

北　京

内 容 简 介

火力发电节能技术涵盖火力发电主要环节及系统。本书从入炉煤质辨识入手，历经机组启动优化、低挥发分煤W型火焰锅炉燃烧调整、机组级实时监测优化、全厂级自动发电控制优化，直至电网层煤耗监测，基于全流程提出火力发电节能关键技术。

本书适用于火力发电行业设计、运行、检修和管理人员，对于科技工作者和高校师生也有一定的参考价值。

图书在版编目(CIP)数据

火力发电节能关键技术 / 文贤馗等著. — 北京：科学出版社, 2020.11
ISBN 978-7-03-066443-3

Ⅰ. ①火… Ⅱ. ①文… Ⅲ. ①火力发电-节能 Ⅳ. ①TM611

中国版本图书馆 CIP 数据核字 (2020) 第 201057 号

责任编辑：叶苏苏 / 责任校对：郝甜甜
责任印制：罗 科 / 封面设计：墨创文化

科学出版社出版
北京东黄城根北街16号
邮政编码：100717
http://www.sciencep.com

成都锦瑞印刷有限责任公司印刷
科学出版社发行 各地新华书店经销

*

2020年11月第 一 版 开本：B5（720×1000）
2020年11月第一次印刷 印张：10 3/4
字数：220 000

定价：139.00元
（如有印装质量问题，我社负责调换）

本书编写组

主要编写人员：文贤馗

其他编写人员：钟晶亮　石　践　张锐锋　邓彤天　罗小鹏

陈玉忠　侯玉波　柏毅辉　何洪流　陈　宇

李前敏　刘大猛　吴　鹏

序

本书介绍的火力发电节能关键技术，系贵州电网有限责任公司电力科学研究院团队多年来在科研、生产、调试等各方面深入研究的工作成果。该成果获2017年贵州省科技进步奖二等奖，成果应用已有10余年，节约了发电成本，有效降低了污染物排放，取得了良好的环保效益和社会效益。该成果具有多项自主知识产权，迄今已获得12项发明专利、12项实用新型专利、3项软件著作权授权、1项国家行业标准、1项贵州地方标准。本团队发表学术论文27篇，其中国家核心期刊13篇、EI收录4篇、国际会议宣读1篇。

本书介绍的火力发电节能关键技术包含5个子项，涵盖火力发电主要环节及系统，渗透火力发电企业电能生产各环节的技术层面和管理层面，涉及锅炉燃烧优化及改造、锅炉启动节能关键技术、火力发电机组实时性能监测及优化指导、厂级负荷优化调度与自动控制技术、电网侧远程在线监测煤耗指标准确性保障等具体内容。特别是在锅炉燃烧方面，获取了低气压条件下典型低挥发分煤的燃烧特性参数和反应动力学参数及其变化规律，提出一种以有限空间射流动量矩守恒为基础的锅炉双拱燃烧分析方法和稳燃、燃尽准则，丰富了锅炉双拱燃烧理论，并成功应用于贵州不同容量、多种炉型的改造和优化调整。在厂级负荷优化调度与自动控制技术方面，构建国内首例火力发电厂厂级自动发电控制结构体系，提出厂级自动发电控制多目标多约束优化控制算法以及随机组工况变化的自适应性能算法，实现性能计算、控制策略、优化算法等多技术集成应用，为提高火力发电厂供电可靠性、保证电网安全经济运行和火力发电厂节能减排发挥重要的作用。

本书在撰写过程中，虽经反复推敲，仍难免有不妥或者疏漏之处，恳请广大读者提出宝贵意见。

《火力发电节能关键技术》编写组

2020年7月

前　言

受能源禀赋影响，在未来相当长的一段时期内，煤电仍将在我国电源结构中占据主导地位。火力发电厂的安全、稳定和高效运行仍然是电力生产中需要研究解决的重要课题。

在节能方面，以往的专著多聚焦于经济运行、燃烧调整，视角较为单一。作者所在的贵州电网有限责任公司电力科学研究院紧扣节能减排的主题，组织跨企业、跨专业协作，开展了贵州火力发电节能关键技术与应用的技术攻关。历经 10 余年的探索，以降低火力发电机组发电成本为目标，以火力发电生产工艺流程为导向，诊断电能生产过程中能源损失的分布，从锅炉侧、汽轮机侧、控制及管理等多个层面寻找节能降耗突破点，提出了火力发电节能关键技术。

本书提出的火力发电节能关键技术已经得到成功应用，在提高机组运行经济性、可靠性和安全性的同时，有效减少了包括 SO_x、NO_x、$PM_{2.5}$ 等各类污染物的排放，取得了良好的经济效益、环保效益和社会效益。与国内外已出版的图书比较，本书视角全面、立意新颖，在国内外有一定的参考价值，特别是入炉煤质在线辨识技术和燃烧无烟煤 W 型火焰锅炉燃烧优化调整技术，在国内有相当大的借鉴作用。

本书共八章，第一章和第八章对本书涉及的火力发电节能关键技术及应用情况进行整体介绍，建立其内在联系，力图向读者呈现一个全景视角，由文贤馗主持撰写。第二章介绍火力发电机组入炉煤质在线辨识技术，由张锐锋、陈宇主持撰写。第三章介绍基于低挥发分煤燃烧特性的 W 型火焰锅炉燃烧系统改造与优化调整，由石践主持撰写。第四章介绍大容量高参数锅炉启动节能关键技术，由罗小鹏主持撰写。第五章介绍火力发电机组实时性能监测及优化指导技术，由钟晶亮、邓彤天主持撰写。第六章介绍基于节能发电调度的火力发电厂厂级自动发电控制技术，由张锐锋、何洪流主持撰写。第七章介绍电网侧远程在线监测煤耗指标准确性保障技术，由文贤馗主持撰写。

本书在撰写过程中，得到了相关高校、企业及诸多同仁的大力支持，在此一并表示感谢。

文贤馗

2020 年 8 月

目　　录

第一章　概　　述

第一节　火力发电节能技术的意义

我国的能源结构呈现多煤、缺油、少气、贫铀的特点。2016 年我国已探明煤炭储量约 2440 亿 t，占已探明化石能源储量的 94%；已探明天然气储量为 3600 亿 m^3，约合 2.6 亿 t 标准煤；铀的进口依存度已超过 90%，核电已不能成为主要的能源提供方；水电装机容量已达 3.32 亿 kW，开发度已经达到 75%。以上都决定了我国“以煤为主”的能源格局在相当长时间内难以改变。据中国电力企业联合会统计，2017 年年底，全国电力装机容量达 17.5 亿 kW，其中，水电装机容量达 3.4 亿 kW，核电装机容量达 0.4005 亿 kW，并网风电装机容量达 1.7 亿 kW，并网太阳能装机容量达 0.97 亿 kW，生物质能发电装机容量达 0.135 亿 kW，非化石能源发电装机容量占比约 38%。火力发电装机容量“三分天下有其二”的格局没有发生根本转变，火力发电机组将继续承担发电的主要任务，火力发电依然是能源消耗的主要角色。

受国内资源保障能力和环境容量制约以及全球性能源安全和应对气候变化的影响，资源环境约束日趋强化，电力行业节能减排形势十分严峻，任务十分艰巨。为了全面控制温室效应，中国的碳排放量将在 2030 年达到峰值，此后逐年下降。为了达到这一目标，除了要降低全社会一次能源消费强度、提高非化石能源发电比重，提高化石能源能效和排放水平依然是主要方向。火力发电必然成为确保完成节能减排指标任务的重点行业。提高现有火力发电机组能效，也自然成为降低全社会排放量的重要手段。

另外，随着经济增长方式的转变和经济结构的优化，全社会单位国内生产总值的用电量将逐渐下降，全社会用电增速将逐渐减缓。此时，装机容量占主导的火力发电，其发电量占比将进一步降低。如何在较低的利用率下取得较高的经济效益，保持较高的排放水平，是火力发电行业急需解决的问题。

目前，我国火力发电行业全国平均供电煤耗在 321g/(kW·h)。按照国家发展改革委、环境保护部、国家能源局发布的《煤电节能减排升级与改造行动计划(2014—2020年)》，2020 年，现役燃煤发电机组改造后的平均供电煤耗应低于 310g/(kW·h)。造成平均供电煤耗偏高的原因非常复杂：有的是没有手段和能力感知全流程成本要素，只有传统手段和指标，无法深入分析；有的是追求机组稳定运行，对运行调整尤其是燃烧调整有畏惧心理和求快情绪；有的是紧迫感不强，节能管理粗放；有的是受制于成本和经营压力，对先进技术的引进力度不够，无法下定决心解决机组长期存在的问题；有的是能力受限，无法从更高的层面和更全面的视角看待问题。

本书提出的火力发电节能关键技术全面涵盖火力发电主要环节及系统，渗透火力发电企业电能生产各环节的技术层面和管理层面，以节能降耗为主线，对火力发电生产流程中的各环节进行梳理和诊断，设计技术路线图，分析能源损失的分布及产生原因，从锅炉侧、汽轮机侧、控制和管理层面寻找节能降耗的突破点。在机组级包含了火力发电机组入炉煤质在线辨识技术（简称“入炉煤质在线辨识”）、基于低挥发分煤燃烧特性的 W 型火焰锅炉燃烧系统改造与优化调整技术（简称“燃烧系统改造与优化调整”）、大容量高参数锅炉启动节能关键技术（简称“大容量锅炉启动节能”）、火力发电机组实时性能监测及优化指导技术（简称“实时性能监测及优化指导”）；在火力发电厂厂级有自动发电控制系统；在电网侧则有远程在线监测煤耗指标准确性保障体系等具体内容；在机组-电厂-电网三个层级，从煤-炉-机-控-电五个维度，全面探索了火力发电节能关键技术。相关内容紧紧围绕火力发电节能降耗这一主线，既相互独立，又相互支持、相互关联，融为一体。

第二节 技术路线

火力发电节能关键技术的根本目的是降低电能生产成本，减少电力生产过程中各类污染物的排放，增强火力发电企业在未来电力市场中的竞争力。节能降耗是贯穿该技术路线中的主线，本技术路线图见图 1.1。

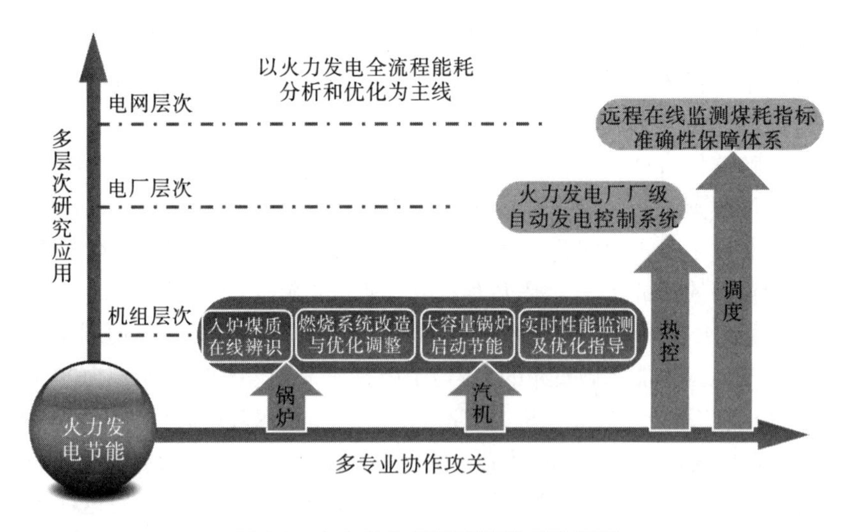

图 1.1 火力发电节能关键技术路线图

如图 1.1 所示，火力发电节能关键技术分为机组、电厂、电网三个层次。

作为技术路线图起点的是入炉煤质在线辨识。锅炉燃烧偏离设计煤种是国内火力发电厂普遍存在的问题。入炉煤质不稳定是影响燃烧稳定性的主要因素，对入炉煤质做到心中有数是燃烧调整的基础。煤质的在线辨识以及煤质变化适应性控制已经成为亟待解决的重要课题。

入炉煤质在线辨识包括锅炉侧宏观质量/能量衡算模型、用于计算燃煤实时发热量的锅炉侧机理模型、支持并行调用的用于支撑机理模型实时解算的工质和烟气物性参数数据库技术及空气预热器(简称空预器)漏风率实时监测模型等核心内容。

在完成入炉煤质在线辨识后，有了煤质基础数据，便进入第二个节点：燃烧系统改造与优化调整。

我国是世界上少数无烟煤储量丰富的国家之一，无烟煤储量约占煤总储量的19%[1]。无烟煤资源在贵州尤其丰富，全省无烟煤探明可开采储量达 340 多亿 t，是全国第二大无烟煤产地。无烟煤多被用作电站锅炉的燃料，贵州省内电站锅炉主要燃用无烟煤。随着对无烟煤资源的进一步开发利用，电力工业燃用无烟煤的锅炉数量还将继续增长。

近 20 年来，国内投产了大量 W 型火焰锅炉(仅贵州省 300MW 等级就有 24 台)，均引进国外技术生产，主要分为三种技术流派。但国外同期投产的 W 型火焰锅炉却很少，对 W 火焰燃烧技术的相关研究不多，国内也鲜有对国外 W 火焰燃烧技术研究进展的报道。国内的 W 火焰燃烧技术研究大都局限于对引进技术的被动接受和介绍上，缺乏对引进技术的消化和吸收，对 W 火焰燃烧方式系统的理论、试验研究还比较缺乏，对引进技术的改进和再创新更是刚刚起步[2]。

从国内 W 型火焰锅炉运行情况来看，尽管 W 型火焰锅炉对低挥发分煤或无烟煤在燃烧稳定性上略优于四角切圆型燃烧锅炉，但其燃尽效果大都不尽如人意，相对于四角切圆燃烧方式也没有表现出明显优势[3]。就贵州省情况来看，目前投产的无烟煤 W 型火焰锅炉飞灰含碳量①大多在 10%左右，未燃尽碳损失在 6%左右，锅炉效率仅 87%左右，远远低于锅炉设计效率，造成一次能源的极大浪费。

三种主要技术流派的 W 型火焰锅炉在着火和燃烧组织上各具特色：美国福斯特惠勒集团公司(Foster Wheeler，简称福斯特惠勒或 FW 公司)采用旋风筒浓缩煤粉，煤粉气流基本与二次风隔离独自喷入，但很快易受横向二次风的影响；美国巴布科克 • 威尔科克斯有限公司(简称美国巴威或 B&W 公司)采用旋流燃烧器，煤粉气流自始至终被二次风包裹，难以在煤粉气流根部直接接触高温烟气，但凭借旋流燃烧器卷吸高温烟气组织燃烧，同时主要的二次风从顶部送入，增强下射刚性；英国三井巴布科克能源有限公司(简称英巴或 MBEL 公司)采用缝隙式燃烧器，煤粉气流与二次风气流间隔布置从拱上往下射入，刚性是好的，但一、二次

① 本书“含碳量”均指碳的体积分数。

风距离过近，喷出后会造成一、二次风过早混合。

煤粉燃烧反应动力学参数，是对以煤粉为燃料的燃烧设备进行热工计算和数学描述，以及对煤粉颗粒的燃烧特性进行基础理论研究必不可少的重要数据之一。以往开展的对锅炉改造和燃烧调整的研究多以常规的煤种工业分析及元素分析数据为基础[4]。事实证明，仅以煤的常规分析数值来预测煤粉的燃烧过程有很大的局限性，难以满足实际要求。

针对贵州省高海拔气象条件和多地区无烟煤的特点，以及省内三种技术流派W型火焰锅炉在着火和燃烧组织方面存在的问题，从无烟煤燃烧反应动力学特性基础研究出发，对煤粉状态下的着火、燃尽及结焦特性进行全面了解；结合W型火焰锅炉全炉膛二维和三维冷、热态数值模拟，寻找关键制约因素，探索技术改造方向，总结确保各W型火焰锅炉稳燃、燃尽的通用理论准则；通过技术改造和优化调整大幅度提高三种流派W型火焰锅炉的燃烧稳定性和经济性、降低减温水量、改善锅炉结渣状况，即基于低挥发分煤燃烧特性的W型火焰锅炉燃烧系统改造与优化调整的目标。

技术路线图中的第三个节点是大容量锅炉启动节能。

超临界机组工质的物理特性和运行方式的特性，使得其对热力系统的清洁度要求比亚临界机组高很多。机组启动前，热力系统必须经过化学清洗(碱洗及酸洗)，清除各种杂质。化学清洗合格后，热力系统内仍有部分杂质混合于无法排净的药液，附着在热力系统管道或容器内壁。另外，化学清洗完毕后，必须完成化学清洗临时系统的拆除、正式系统的恢复，以及部分热控元件的安装(这些元件在化学清洗时为防止腐蚀需缓装)、部分系统的试运(这些系统的试运工作因化学清洗必须后延至化学清洗结束后才能进行)等工作，化学清洗完毕至机组启动前，热力系统将有4～7天处于冷备状态，大部分管道或容器将与空气接触，发生电化学反应，造成返锈。为了彻底清除热力系统化学清洗后的附着杂质和二次腐蚀物，必须在机组启动前进行除盐水冲洗，化验冲洗排放水合格，方可进行机组启动。

超临界直流锅炉由于受结构的制约，无法设置专门的排污系统。如果进入热力系统的盐类和机械杂质超标，将会造成锅炉受热面内部腐蚀和管壁超温，导致汽轮机的状态参数恶化并降低运行效率，因此超临界直流锅炉必须对热力系统进行严格的冲洗，以置换热力系统中存留的品质超标的水和清除残留的机械杂质，并在热态冲洗过程中进一步溶解并清除锅炉水冷壁内部沉积的盐类。目前，国内带炉水循环泵的直流锅炉冲洗一般都分为冷态开式冲洗、冷态循环冲洗和热态冲洗三个阶段，冲洗耗时一般在5～9天，耗水量一般在14000～23000t。

超临界直流锅炉在结构和运行方式上与亚临界汽包锅炉有很大区别，超临界直流锅炉没有汽包，锅炉水容积在受热面总容积中所占比例较亚临界汽包锅炉少，造成超临界直流锅炉金属蓄热及水系统工质蓄热远小于亚临界汽包锅炉，因此在锅炉蒸汽管道吹洗方案的选择和操作工艺上必须考虑该因素的影响。

目前，国内一般在超(超)临界机组锅炉吹管上采用稳压吹管或降压吹管两种吹管方式，两种吹管方式各有利弊。我国引进超临界机组的前期大部分采用稳压吹管方式，近年来，有不少机组采用降压吹管方式或降压吹管与稳压吹管相结合的方式。比较普遍的观点认为，超临界直流锅炉采用一阶段降压吹管方式时吹管系数不够，故超临界机组即使采用降压吹管方式，也一般均为二阶段降压吹管方式，很少采用一阶段降压吹管方式。

由于全世界首台W型火焰超临界直流锅炉［北京巴布科克·威尔科克斯有限公司(简称北京巴威公司)产品］是2009年才在大唐华银电力股份有限公司金竹山火力发电分公司(简称金竹山电厂)投运的，之前国内超临界直流锅炉基本燃用烟煤、贫煤，其中相当一部分配有微油点火装置或等离子点火装置，为吹管期间投入煤粉燃烧创造了条件，所以我国有不少超临界机组采用了投粉吹管。

配有W型火焰直流锅炉的超临界机组在金竹山电厂顺利投产后，哈尔滨锅炉厂有限责任公司和东方锅炉厂有限责任公司也先后引进国外技术，推出W型火焰直流锅炉，配套的超临界机组部分已投产。兴义电力发展有限公司#1、#2机组是全国第5、6台配置W型火焰直流锅炉的超临界机组，在南方电网范围内是第1、2台。

W型火焰锅炉燃用的是无烟煤，不易着火，因此不适宜配置等离子点火装置，如果无合适的微油点火装置，采用投粉吹管在经济效益上不会有大幅度的收益。

国外基本没有W型火焰超临界直流锅炉投产的报道。从大量文献资料上了解到，目前国内W型火焰超临界直流锅炉启动过程中容易出现燃烧负荷分配不均匀的情况，由此引发局部水冷壁超温[5]或炉膛出口烟温偏差大的问题，另外，W型火焰锅炉基本存在低负荷下锅炉尾部受热面易超温的问题[6]，影响机组启动带负荷速率和受热面安全。由于国内投产的W型火焰超临界直流锅炉也很少，所以这方面的研究比较少，有大量空白地带。

超临界直流锅炉启动过程优化，目的在于大幅减少锅炉启动过程中的能源消耗，同时提高启动过程的安全性，其意义主要在于节能。超临界机组，尤其是配置W型火焰直流锅炉的超临界机组，其启动过程中有多个高能耗环节以及一些对机组安全性影响巨大的技术疑难问题。

现有的超临界机组启动过程的节能技术一般偏重于超临界启动过程中冲洗排放水的回收利用以及投粉吹管节约燃油，对超临界直流锅炉启动过程中如何优化水冲洗方法、提高吹管系数、减少吹管次数以及机组升负荷期间的调整控制等方面涉及较少，尚存在很大的节能空间。

本书着重从超临界机组水冲洗过程中水耗和能耗的控制、超临界机组吹管技术、超临界机组启动带负荷过程控制三个方面，以节能降耗为目的，对运行方式、系统改造、工艺控制等优化技术进行介绍。

技术路线图中的第四个节点是实时性能监测及优化指导。

该技术能在现场为运行人员提供机组的经济性能状况，为火力发电厂提供实时优化运行指导，能实现对机组异常和故障的远程分析。

现阶段，由于缺少对各类型机组的实时热力学性能监测手段，各类火力发电机组的效率管理仍然比较粗放，在实施节能减排方面缺少有效的措施。第一，火力发电厂管理者缺少实时的机组性能数据，只能靠粗略计算结果或试验结果，在做出决策时缺少可用信息。第二，火力发电厂人员在运行时根据的是经验而不是科学的数据，在正常运行期间或当运行状态发生变化时，不能保证机组始终运行在优化状态下。第三，当发现机组性能下降时，技术人员无法快速准确地判断造成性能下降的根源故障。

因此，需要建立一套火力发电机组实时性能监测与优化指导系统，对火力发电机组的锅炉、汽轮机等热力单元进行实时数据采集和性能分析与优化，评估运行机组的效率，提出优化建议，提高火力发电机组热力性能。

技术路线图中的第五个节点是火力发电厂厂级自动发电控制系统。

电力系统自动发电控制(automatic generation control，AGC)是建立在电网调度自动化的能量管理系统(energy management system，EMS)和火力发电厂机组控制系统间的闭环控制手段。随着电网容量的日趋增大，电网电能质量要求不断提高、电网调峰压力不断加大，以及国家节能减排力度的不断加强，传统的火力发电机组单机直调 AGC 方式需要改进，具有负荷优化分配功能的厂级 AGC 方式成为电力系统 AGC 技术发展的方向。

目前，国内大多数火力发电厂采用的是机组 AGC 直调方式，其存在的明显不足之处有：①不利于电网负荷响应速度的提高；②不利于提高电网和火力发电厂安全运行水平；③无法实现火力发电厂各机组间负荷的优化调度。

火力发电厂厂级 AGC 是电网对火力发电厂进行负荷调度，并对全厂负荷进行优化分配的控制方式。它具有以下优点：①能提高电网负荷响应速度；②具有降低机组运行能耗的潜力；③能够全面考虑机组运行的经济性、稳定性、寿命损耗、负荷调节余量等因素；④能够实现煤耗高、排放指标高的机组少发电，各项性能指标好的机组多发电。

技术路线图中的第六个节点是远程在线监测煤耗指标准确性保障体系。以进一步探索在电网内应用的各类远程在线监测及后台技术支持系统的推广为研究目的，以探索和解决为电网节能调度火力发电机组发电能耗在线监测系统提供可靠基础数据为研究目标，立足于方法及具体技术两个层面进行研究。从数据采集源头、数据传输过程及程序计算三个阶段采用相关的校验和鉴定、异常数据判定和替换方法，以鉴定煤耗在线监测系统数据采集的准确性、系统运行的稳定性，使人工数据输入过程中人为干预的可能性降低为零，确保系统获得的基础数据具有真实性、代表性、科学性和有效性，使系统公平、公正、公开地运行。

第二章　火力发电机组入炉煤质在线辨识技术

第一节　概　　述

火力发电厂煤质是设计电厂锅炉、制粉系统、控制系统等主要设备的基础。在设计初期，火力发电厂的设计煤质确定之后，其主要设备的结构参数、选型和技术性能指标也就随之确定。当实际生产过程中锅炉改燃另一煤质或煤质变化时，应该采取相应的调整措施，避免这些变化直接影响火力发电机组运行的经济性和安全性。以煤质劣化为例，煤质劣化使锅炉燃烧不稳、燃烧不完全，锅炉效率下降，甚至引发大面积结渣、爆管，给火力发电厂安全运行带来隐患。及时识别煤种或煤质变化，并采取相应的协调控制策略，能够补偿(或部分补偿)煤质变化对火力发电机组平稳运行的影响[7]。因此，尤其针对电煤种类多、煤质多变的地区，煤质在线辨识以及煤质变化适应性控制已经成为亟待解决的重要问题。

随汽轮机负荷变化的燃烧系统适应性控制是火力发电厂安全稳定运行的重要环节。控制系统设计不佳将导致蒸汽压力和汽包水位波动过大以及汽轮机负荷跟踪速度慢等一系列问题。长期以来，负荷响应性控制系统的控制效果不尽理想，对此进行研究是十分必要的。

入炉煤质在线辨识包括火力发电机组锅炉侧实时仿真模型建模、低位发热量辨识与优化系统实现等关键技术，核心内容包括：

(1) 锅炉侧宏观质量/能量衡算模型的建立；

(2) 用于计算燃煤实时发热量的锅炉侧机理模型的建立；

(3) 支持并行调用的、用于支撑机理模型实时解算的工质和烟气物性参数数据库技术；

(4) 空预器漏风率实时监测模型的建立。

第二节　锅炉侧宏观质量/能量衡算模型

锅炉侧宏观质量/能量衡算模型用于估计入炉煤至主蒸汽通道的时间常数、纯滞后时间和放大倍数。其中，锅炉侧宏观质量/能量衡算模型的时间常数和纯滞后时间将被用于燃煤热值辨识的相位补偿。

在对火力发电厂锅炉侧进行能量衡算和动态建模时，首先要对火力发电厂内所有设备分解系统或划分环节，将其中核心的部分和主要设备选取出来，建立宏观体系。建立宏观体系需要遵循的原则是：尽可能包括锅炉系统的主要换热体系，并且以完整的输入能量、输出能量作为宏观体系边界点。

原煤从煤仓出来经由输煤皮带传送到制粉系统磨煤机，冷二次风从送风机出口进入空预器，冷一次风从一次风机出口进入空预器，低温过热器出口的过热蒸汽进入汽轮机的高压缸，高压缸的一部分排汽重新返回锅炉系统，经再热器再次加热成再热蒸汽，进入汽轮机的中、低压缸。为了完整得到包含锅炉各部分输入、输出能量的宏观体系，将磨煤机、锅炉(包括省煤器、蒸发受热面、过热器、再热器)、空预器等锅炉侧设备集成在一个宏观体系内，运用大模块化和集中参数化的思想，分析输入、输出锅炉侧宏观体系的各部分能量[8]。

在分析输入、输出锅炉侧宏观体系的各部分能量时，以宏观体系边缘为观察点，同时考虑所有输入、输出锅炉侧宏观体系边缘的能量。输入能量以煤的燃烧化学能和水、风、煤的物理内能为主，输出能量以主蒸汽和再热蒸汽的能量为主，且不能忽略系统内各种热损失。图 2.1 是输入、输出锅炉侧宏观体系能量示意图[9]。

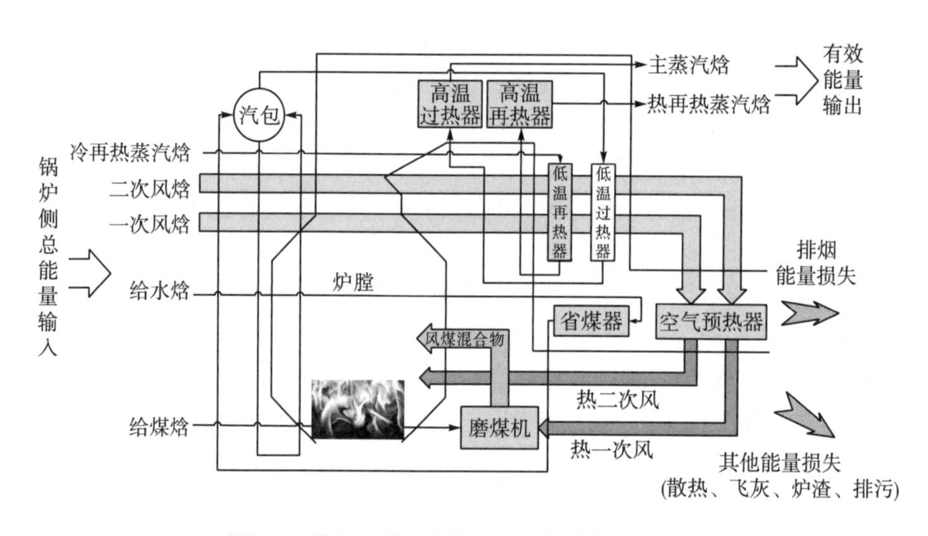

图 2.1　输入、输出锅炉侧宏观体系能量示意图

一、锅炉侧宏观能量衡算模型建模方法

建模数据来自分散控制系统(distributed control system，DCS)的测点信息，经过数据预处理模块，计算锅炉侧宏观体系各工质的输入、输出能量[8]。

(1) 当工质为水时，包括主给水和减温水的焓值计算公式：

$$Q_{\mathrm{w}} = G_{\mathrm{w}} \cdot h_{\mathrm{w}} \tag{2.1}$$

式中，G_{w}是工质水流量，kg/s；h_{w}是工质水焓，kJ/kg，由工质水的压力测点和温度测点数据，通过 IAPWS-IF97 计算模块计算得到。

(2) 当工质为水蒸气时，包括主蒸汽、冷再热蒸汽和热再热蒸汽的焓值计算公式：

$$Q_{\mathrm{s}} = G_{\mathrm{s}} \cdot h_{\mathrm{s}} \tag{2.2}$$

式中，G_{s}是工质水蒸气流量，kg/s；h_{s}是工质水蒸气焓，kJ/kg，由工质水蒸气的压力测点和温度测点数据，通过 IAPWS-IF97 计算模块计算得到。

(3) 当工质为空气时，包括进磨煤机的一次风、进炉膛的二次风和烟气的焓值计算公式[10]：

$$Q_{\mathrm{air}} = C_{\mathrm{air}} \cdot V_{\mathrm{air}} \cdot \theta_{\mathrm{air}} + P_{\mathrm{air}} \cdot V_{\mathrm{air}} \tag{2.3}$$

$$\begin{aligned} C_{\mathrm{air}} = {} & 1.3196457 + 1.4913161 \times 10^{-5} \theta_{\mathrm{air}} + 2.54394059 \times 10^{-7} \theta_{\mathrm{air}}^{2} \\ & - 2.14784127 \times 10^{-10} \theta_{\mathrm{air}}^{3} \end{aligned} \tag{2.4}$$

式中，C_{air}是风的体积比热容，由风温 θ_{air} 决定，J/(m^3·K)；P_{air}是风压，Pa；V_{air}是风的体积流量，m^3/s。

(4) 进入锅炉侧宏观体系的主要能量是入炉煤燃烧释放的化学能[10]：

$$Q_{\mathrm{burn}} = Q_{\mathrm{net.ar}} \cdot B \cdot \eta \tag{2.5}$$

式中，$Q_{\mathrm{net.ar}}$是燃料收到基低位发热量，kJ/kg；B 是入炉煤粉的流量，kg/s；η 是锅炉燃烧效率，%。

理论上，稳态过程中锅炉侧宏观体系的输入、输出能量之间应满足热平衡关系。但是，实际生产过程中锅炉系统基本不可能有理想的稳态过程，不仅有机组功率设定值变化下的切换负荷响应，而且包括负荷相对稳定时间内锅炉内外部状态的不停波动。因此，在锅炉侧宏观体系的输入、有效输出能量之间建立动力学模型，可以更加准确地描述系统特性，是完全必要的。

在实际生产过程中，多数工业对象具有较大的纯滞后时间 τ，通常如果纯滞后时间与过程惯性时间常数之比大于 0.5，则认为它是大纯滞后过程。在工业锅炉控制中，燃烧系统的控制目标是通过调节燃料和空气量保证蒸汽压力恒定。整个系统包括煤和空气配比燃烧、炉膛温度升高、炉膛温度加热汽包中的水变成饱和蒸汽、饱和蒸汽经过过热器成为过热蒸汽等，很明显整个系统的控制通道长，是一个典型的大滞后系统。锅炉侧宏观体系具有大惯性、大滞后和非线性的特性，在特定工况下可以等效为一个具有可测扰动的一阶纯滞后惯性环节。因此，在锅炉侧宏观体系的输入总能量和有效输出能量之间可以采用一阶纯滞后模型建立如下的动态关联：

$$\frac{Q_{\mathrm{out}}}{Q_{\mathrm{in}}} = \frac{K}{1 + T \cdot s} \cdot \mathrm{e}^{-\tau s} \tag{2.6}$$

式中，K是效率系数；T是过程惯性时间常数，s；τ是纯滞后时间，s。

理想状况下，稳态过程中锅炉侧宏观体系的有效输出能量必小于输入总能量，因此效率系数$K<1$；动态过程中受锅炉体系内蓄热速度和放热速度的影响，K随负荷改变而波动。过程惯性时间常数T取决于输入能量变化引起输出能量变化过程的快慢，在相当多的情况下能量和质量的迁移是很缓慢的过程，其时间常数的数量级可由数十秒到若干分钟不等，也就是说热惯性比较大。在现代热能设备如锅炉汽包下降管及每一级过热器中介质的流动时间所形成的延迟是显著的，纯滞后时间τ的数量级也在分钟级。

采用某火力发电厂 300MW 机组的实际操作数据计算锅炉侧宏观能量衡算模型中的输入总能量Q_{in}和有效输出能量Q_{out}，再用数学优化算法辨识出一阶纯滞后模型中的K、T、τ三个参数。为了验证一阶纯滞后模型及其参数的准确性，需要根据Q_{in}和一阶纯滞后模型仿真得到的输出能量$Q_{\text{out.model}}$与实际系统有效输出能量Q_{out}进行比较，根据两者之间的相对误差判断模型的仿真效果。

当从 DCS 读取现场测点数据时，采用 5s 定时通信获取数据，即取数据离散步长Δt=5s。

从式(2.6)可以推出

$$Q_{\text{out.model}}\cdot(1+T\cdot s)=K\cdot Q_{\text{in}}\cdot \mathrm{e}^{-\tau s} \tag{2.7}$$

在s域中$\mathrm{e}^{-\tau s}$表示延迟因子，s是微分因子，由式(2.7)可以得出时间变量t相关的时域表达式：

$$Q_{\text{out.model}}\cdot(t+\tau)+T\cdot\frac{\mathrm{d}Q_{\text{out.model}}(t+\tau)}{\mathrm{d}t}=K\cdot Q_{\text{in}}(t) \tag{2.8}$$

前向差分通常是在离散函数中的微分等效运算，式(2.8)中微分环节用前向差分运算代替，可推出

$$Q_{\text{out.model}}(t+\tau)+T\cdot\frac{Q_{\text{out.model}}(t+\tau)-Q_{\text{out.model}}(t+\tau-\Delta T)}{\Delta T}=K\cdot Q_{\text{in}}(t) \tag{2.9}$$

当τ是ΔT的整数m倍时，将式(2.8)进行离散化处理，可得到

$$Q_{\text{out.model}}(k+m)=\frac{\Delta T\cdot K\cdot Q_{\text{in}}(k)+T\cdot Q_{\text{out.model}}(k+m-1)}{\Delta T+T} \tag{2.10}$$

当τ不是ΔT的整数倍时，首先将τ与ΔT的商取整得到m；然后仍按式(2.10)计算时间点偏离整数离散点$n_{\Delta T}$的输出能量；最后通过相邻两个值的线性插值得到整数离散点$n_{\Delta T}$的输出能量。

从数学的观点来看，工程中的各种优化问题都可以归结为求极大值或极小值问题。优化设计就是借助最优化数值计算方法和计算机技术求取工程问题的最优设计方案。在优化设计的寻优过程中，首先要根据实际设计问题的物理模型建立相应的数学模型，即用数学形式来描述实际设计问题；其次就是应用数学规划方法，以计算机为工具，根据数学模型的特点选择最优化方法来求解数学模型，以

确定最佳设计参数。

在用单纯形搜索法辨识一阶纯滞后模型的 K、T、τ 三个参数时，分别需要确定最优化的弹性区间(参数优化的上、下限)和待优化参数的初始值。这三个参数的辨识以系统实际有效输出能量和模型仿真输出能量的相对误差平方和作为目标函数。

经检验，单用一段 DCS 数据辨识 K、T、τ 三个参数的宏观动力学模型无法准确刻画锅炉的复杂运行，特别是长时间随着负荷以及工况的改变，三个参数肯定是时变的。这就要求在实际建模中采用滚动辨识方法，建立在线更新的辨识数据库。当每一组新的数据进入时，都会舍弃最早时刻的一组数据，保证数据库内存空间的大小不会随时间改变。更新辨识数据库后重新进行单纯形搜索法辨识 K、T、τ 三个参数。

为防止宏观动力学模型的 K、T、τ 三个参数在每次滚动辨识结果中的变化过于激烈，与实际物理过程的变化速率不吻合，还需要额外存储一段时间内的辨识结果。经检验，以下操作是可行的：存储 1h 的辨识结果，并将每次最新的辨识结果与存储的历史辨识结果进行加权平均作为最终模型参数的辨识结果，同时存储校正后的辨识结果，舍弃最早时刻的辨识结果，完成辨识结果的滚动更新。宏观体系在线辨识参数流程图如图 2.2 所示。

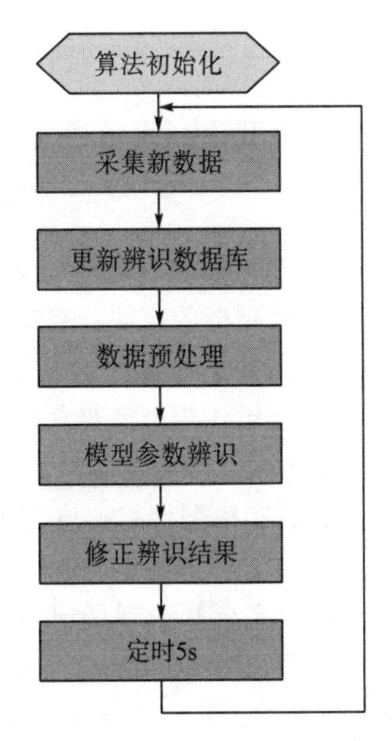

图 2.2　宏观体系在线辨识参数流程图

二、锅炉侧宏观能量衡算模型验证

图 2.3 是利用某火力发电厂一天的实际数据对锅炉侧宏观能量衡算模型进行

验证的对比图。

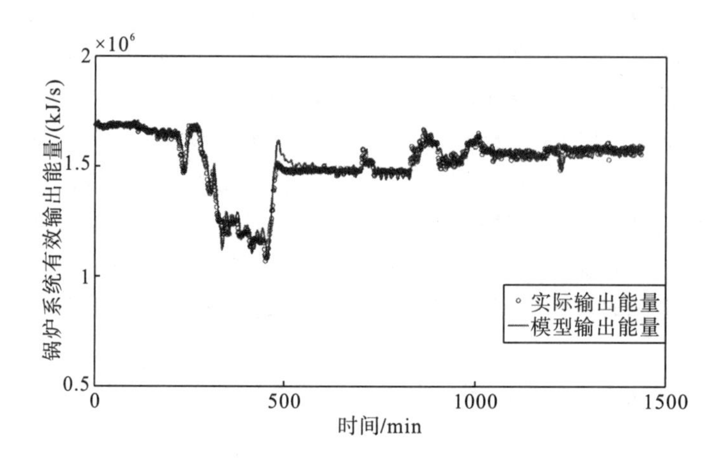

图 2.3 锅炉侧宏观能量衡算模型输出能量与实际输出能量对比

锅炉侧宏观能量衡算模型的输出能量与真实系统的实际输出能量的绝对误差平方和为 1.53%，仿真效果良好，基本可以刻画锅炉在平稳特别是升降负荷时的动态特性。

第三节 锅炉侧机理建模及燃煤放热量估计

燃煤放热量是锅炉运行的一个重要参数，它不仅反映锅炉的实时运行工况，还可为锅炉实时效率、燃煤热值等重要指标的在线计算提供依据。由于燃煤放热量无法直接测量，所以通常做法是通过在炉膛内安装红外探头等传感器收集数据[11]，然后建立炉膛三维燃烧场模型，进而通过该模型计算获得燃煤放热量。但受限于设备成本(红外探头价格偏高，且需要安装大量红外探头)、安装维护成本(火力发电厂很难在锅炉上随意安装及拆卸探头)和模型计算速度等因素，上述方法往往很难给控制策略的制定提供及时准确的信息。作者提出的锅炉实时燃烧总能量衡算模型不需要在现场添加额外的硬件设施，完全基于现场已有的测点信息(可直接从现场 DCS 中获取)进行质量和能量的衡算，运算速度快，可以与现场 DCS 数据同频率输出燃煤放热量(通常每 5s 输出一次，必要时可以更快)，实时性好，可以为优化控制策略的制定提供及时准确的信息，也可以为锅炉效率和燃煤热值的实时计算提供数据基础。

燃煤放热量估计模型的建立主要依据锅炉系统的运行原理以及能量平衡。燃煤在炉膛中燃烧后产生的总能量主要分为两部分：一部分以辐射能的形式被水冷壁吸收，该能量主要用于加热水冷壁中的饱和水，使之发生焓变，进而产生饱和蒸汽[12]；另一部分以高温烟气的形式进入烟道，主要作为一系列后续换热器的热源，进一步加热饱和蒸汽，使之变为符合汽轮机组发电需要的过热蒸汽。故燃煤放热量满足下列计算式：

燃煤放热量=水冷壁吸收的能量＋离开炉膛的高温烟气所携带的能量

由上式可以看出，燃煤放热量估计模型可以拆分为两大子模型，即水冷壁吸热量估计模型和高温烟气能量衡算模型。

如图 2.4 所示，自然循环锅炉汽水系统主要包括下降管、水冷壁、汽包三大部分。本模型是一种用于计算火力发电厂锅炉水冷壁吸热量的方法，其特征是采用汽水系统质量和能量动态衡算，分别获得不同时刻下的水冷壁吸热量，实现对水冷壁吸热量变化的实时估计。在水冷壁吸热量估计模型中，首先根据锅炉运行规程，获得锅炉固定参数；然后从厂级信息监控系统的实时数据库读取相关运行参数，并代入模型求出水冷壁实时吸热量，所涉及模型包括汽包水位模型、水冷壁汽水比例计算模型、下降管流量模型和汽包模型[13]。该模型不以锅炉炉膛温度测量为前提，适用于不同规模火力发电厂水冷壁吸热量的在线定量计算。

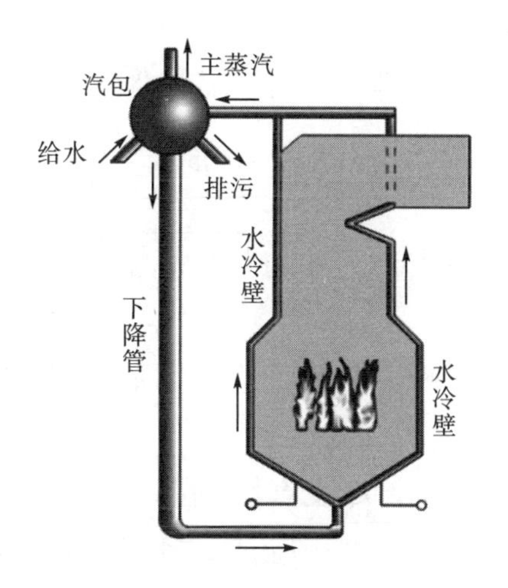

图 2.4 自然循环锅炉汽水系统示意图

一、水冷壁吸热量估计模型

1. 准备设计参数

根据锅炉运行规程，获得汽包内直径 $D_{dr.in}$、汽包内半径 $R_{dr.in}$、汽包外半径 $R_{dr.out}$、汽包长度 L_{dr}、下降管和水冷壁高度 l、水冷壁直径 D_{wc}、水冷壁根数 n、下降管根数 n_{xj}、下降管内径 $D_{xj.in}$、下降管外径 $D_{xj.out}$、金属密度 ρ_m、金属比热容 c_m。

2. 读取当前运行数据

在 τ 时刻，从厂级信息监控系统的实时数据库读取该时刻的汽包压力 P_{dr}、给水流量 G_{fw}、主蒸汽流量 G_{ms}、汽包水位 l_{dr}、排污量 G_{drain}、给水温度 θ_{fw} 、机组负荷指令 N_{set}。

由 IAPWS-IF97 公式，求出汽包压力为 P_{dr} 时的水密度 ρ_w、汽密度 ρ_s、水焓值 h_w、汽焓值 h_s，汽包压力变化 dP_{dr} 时的水焓值变化量 dh_w、汽焓值变化量 dh_s、水密度变化量 $d\rho_w$、汽密度变化量 $d\rho_s$、工质饱和温度变化量 $d\theta_{st}$ 。

3. 模型计算

由汽包水位模型和水冷壁汽水比例计算模型求得汽包和水冷壁中的汽水比例，由下降管流量模型求得下降管出口的工质流量和焓值，由汽包模型求出汽包惯性常数 I_{dr}，并求出水冷壁吸热量 Q[14]。

汽包水位模型为

$$R_{dr.in} = \frac{D_{dr.in}}{2} \tag{2.11}$$

$$V_{dr} = \frac{4\pi \cdot R_{dr.in}^3}{3} + \pi \cdot R_{dr.in}^2 \cdot L_{dr} \tag{2.12}$$

$$l_{dr.cc} = R_{dr.in} + 0.051 + \frac{l_{dr}}{1000} \tag{2.13}$$

$$S_{dr} = R_{dr.in}^2 \cdot \arccos\left(1 - \frac{l_{dr.cc}}{R_{dr.in}}\right) - \sqrt{2 \cdot R_{dr.in} \cdot l_{dr.cc} - l_{dr.cc}^2} \cdot (R_{dr.in} - l_{dr.cc}) \tag{2.14}$$

$$V_{dr.w} = \pi \cdot \left(R_{dr.in} \cdot l_{dr.cc}^2 - \frac{l_{dr.cc}^3}{3}\right) + S_{dr} \cdot L_{dr} \tag{2.15}$$

$$V_{dr.s} = V_{dr} - V_{dr.w} \tag{2.16}$$

式中，$R_{dr.in}$ 是汽包内半径，m；V_{dr} 是汽包体积，m^3；$l_{dr.cc}$ 是修正后的汽包水位，m；S_{dr} 是汽包圆柱部分截面积，m^2；$V_{dr.w}$ 是汽包中水的体积，m^3；$V_{dr.s}$ 是汽包中汽的体积，m^3。

水冷壁汽水比例计算模型为

$$k\_V_{wc.w} = 0.3 - \frac{N_{set} - N_{mid}}{7 \cdot N_{mid}} \tag{2.17}$$

$$k\_V_{wc.s} = 0.7 - \frac{N_{set} - N_{mid}}{7 \cdot N_{mid}} \tag{2.18}$$

式中，$k\_V_{wc.w}$ 是水冷壁中水体积比例；$k\_V_{wc.s}$ 是水冷壁中蒸汽体积比例；N_{set} 是机组负荷指令，MW；N_{mid} 是火力发电厂机组负荷中位值，MW。

下降管流量模型为

$$V_{xj} = \pi \cdot \left(\frac{D_{xj.in}}{2}\right)^2 \cdot l \cdot n_{xj} \tag{2.19}$$

$$V_{wc.in} = \pi \cdot \left(\frac{D_{wc}}{2}\right)^2 \cdot l \cdot n \tag{2.20}$$

$$G_{xj.e} = \pi \cdot \left(\frac{D_{xj.in}}{2}\right)^2 \cdot n_{xj} \cdot 750 \tag{2.21}$$

$$V_{wc.w} = V_{wc.in} \cdot k\_V_{wc.w} \tag{2.22}$$

$$G_{xj.cc} = \frac{G_{xj.e}}{0.15\dfrac{V_{wc.in}}{4 \cdot V_{wc.w}} + 0.95} \tag{2.23}$$

$$h_{xj} = \frac{0.5 \cdot G_{fw} \cdot h_{ms} + (G_{xj.cc} - 0.5 \cdot G_{fw}) \cdot h_w}{G_{xj.cc}} \tag{2.24}$$

$$\mathrm{d}h_{xj} = G_{xj.cc} \cdot (h_{xj} - h_{xj.out.cc}) - V_{xj} \cdot h_{xj.out.cc} \cdot \mathrm{d}\rho_w - \frac{c_m \cdot M_{xj} \cdot d\theta_{st}}{V_{xj} \cdot \rho_w} \tag{2.25}$$

$$h_{xj.out} = h_{xj.out.cc} + \mathrm{d}h_{xj} \tag{2.26}$$

式中，V_{xj} 是下降管体积，m^3；$V_{wc.in}$ 是水冷壁内体积，m^3；$G_{xj.e}$ 是额定负荷下降管入口工质流量，kg/s；$V_{wc.w}$ 是水冷壁中水体积，m^3；$G_{xj.cc}$ 是下降管入口工质流量，kg/s；h_{xj} 是下降管入口工质焓值，kJ/kg；h_{ms} 是主蒸汽焓值，kJ/kg；$h_{xj.out.cc}$ 是上一步下降管出口焓值，kJ/kg；$h_{xj.out}$ 是当前下降管出口焓值，kJ/kg；$\mathrm{d}\theta_{st}$ 是工质饱和温度变化量，K。

汽包模型为

$$M_{dr} = \left[\frac{4 \cdot \pi \cdot R_{dr.out}^3}{3} - \frac{4 \cdot \pi \cdot R_{dr.in}^3}{3} + (\pi \cdot R_{dr.out}^2 - \pi \cdot R_{dr.in}^2) \cdot L_{dr}\right] \cdot \rho_m \tag{2.27}$$

$$M_{xj} = \left[\pi \cdot \left(\frac{D_{xj.out}}{2}\right)^2 - \pi \cdot \left(\frac{D_{xj.in}}{2}\right)^2\right] \cdot l \cdot n_{xj} \cdot \rho_m \tag{2.28}$$

$$h_{del} = 1083 + 3.99 \cdot P_{dr} - 4.67 \cdot \theta_{fw} \tag{2.29}$$

$$\begin{aligned} I_{dr} = {} & V_{xj} \cdot \rho_w \cdot \mathrm{d}h_w + V_{xj} \cdot h_{xj.out.cc} \cdot \mathrm{d}\rho_w + c_m \cdot (M_{dr} + M_{xj}) \cdot \mathrm{d}\theta_{st} \\ & + \left\{\rho_w \cdot \mathrm{d}h_w + \frac{Q_q \cdot \rho_s \cdot \mathrm{d}\rho_w}{\rho_w - \rho_s} \cdot (V_{wc.in} \cdot k\_V_{wc.w} + V_{dr.w}) \right. \\ & \left. + \left[\rho_s \cdot \mathrm{d}h_s + \frac{Q_q \cdot \rho_w \cdot \mathrm{d}\rho_w}{\rho_w - \rho_s} \cdot (V_{wc.in} \cdot k\_V_{wc.s} + V_{dr.s})\right]\right\} \end{aligned} \tag{2.30}$$

$$Q = \mathrm{d}P_{dr} \cdot I_{dr} - \left(\frac{Q_q \cdot \rho_s}{\rho_w - \rho_s} - h_{del}\right) \cdot G_{fw} + \frac{Q_q \cdot \rho_w}{\rho_w - \rho_s} \cdot G_{ms} + \frac{Q_q \cdot \rho_s}{\rho_w - \rho_s} \cdot G_{drain} \tag{2.31}$$

式中，M_{dr}是汽包金属质量，kg；M_{xj}是下降管金属质量，kg；Q_q是汽化潜热，kJ/kg；h_{del}是给水欠焓，kJ/kg；I_{dr}是汽包惯性常数；Q是水冷壁吸收的能量，kJ/kg。

在任意运行时刻τ，使用水冷壁热量计算模型，以时间先后为序分别获得$\tau = t$，$t+\Delta t$，$t+2\cdot\Delta t$，…，$t+n\cdot\Delta t$时刻下相应的水冷壁热量计算值Q_{dt}、$Q_{d(t+\Delta t)}$，$Q_{d(t+2\cdot\Delta t)}$，…，$Q_{d(t+n\cdot\Delta t)}$，并绘制出水冷壁热量计算值Q_{dt}随时间变化的趋势曲线。

二、高温烟气能量衡算模型

高温烟气能量作为主要的换热器热源，通过过热器、再热器和省煤器等与工质发生热交换，将能量传给工质，同时自身温度和能量降低，最终以无法再利用的烟气尾气形式从烟囱中进入大气。故炉膛出口高温烟气能量满足下式[9]：

高温烟气能量=烟气热交换中减少的能量＋烟气尾气能量

但由于烟道中各级换热器前后的烟气温度测点并不完备(如屏式过热器前后没有烟气温度测点)，且某些烟气温度测点的可靠性有疑问(省煤器前烟气温度测点低于省煤器后的测点)，同时烟气的物性参数(比热容、密度)与烟气成分密切相关，所以无法通过烟道中烟气温度测点直接计算烟气通过各级换热器损失的能量。另外，作为现场控制中主要质量指标的工质温度和工质压力的测点可靠性高，测点信息完备(各级换热器前后均有完备的温度、压力测点，同时具备流量测点)，且水和水蒸气的成分单一，物性参数只与温度、压力相关，计算相对精确。同时，由于烟道的绝热性较好，烟气基本不与外界发生热交换，所以可以认为烟气通过换热器时减少的能量与换热器中工质增加的能量相等，即

烟气热交换中减少的能量=换热器中工质增加的能量

所以最终炉膛出口高温烟气能量计算式为

高温烟气能量=换热器中工质增加的能量＋烟气尾气能量

换热器主要分为过热器和再热器，故高温烟气能量衡算模型可分为过热器热交换模型、再热器热交换模型和烟气能量衡算模型三个子模型。

(一)过热器热交换模型

过热器中工质质量衡算：

$$\frac{\Delta M_{sh}}{\Delta t} = G_{sh.in} - G_{sh.out}, \quad \Delta t = 5\text{s} \tag{2.32}$$

$$\Delta M_{sh} = M_{sh}(k) - M_{sh}(k-1) = \sum_{i=1}^{n}\rho_{sh.i}^{(k)} S_{sh.i} \cdot L_{sh.i} - \sum_{i=1}^{n}\rho_{sh.i}^{(k-1)} S_{sh.i} \cdot L_{sh.i} \tag{2.33}$$

$$G_{sh.in} = \frac{\Delta M_{sh}}{\Delta t} + G_{sh.out} \tag{2.34}$$

式中，k是当前时刻；k-1是前一时刻；$G_{sh.in}$是过热器入口饱和蒸汽流量，即过热

器系统输入质量；$G_{\mathrm{sh.out}}$ 是过热器出口过热蒸汽流量，即过热器系统输出质量；M_{sh} 是过热器系统中工质总质量；n 是沿着工质流动方向将过热器系统划分的管段数；$L_{\mathrm{sh}.i}$ 是每段过热器管段的长度；$S_{\mathrm{sh}.i}$ 是所划分各过热器管段的截面积，同一过热器管段内视为截面积不变；$\rho_{\mathrm{sh}.i}$ 是该段管道内工质的密度，与工质温度和压力相关，由工质物性参数数据库提供。

过热器中工质能量衡算：

$$\frac{\Delta E_{\mathrm{sh}}}{\Delta t} = Q_{\mathrm{sh.in}} + Q_{\mathrm{g\_sh}} - Q_{\mathrm{sh.out}} = G_{\mathrm{sh.in}} h_{\mathrm{sh.in}} + Q_{\mathrm{g\_sh}} - G_{\mathrm{sh.out}} h_{\mathrm{sh.out}} \tag{2.35}$$

$$\begin{aligned}\Delta E_{\mathrm{sh}} = E_{\mathrm{sh}}(k) - E_{\mathrm{sh}}(k-1) = &\sum_{i=1}^{n} \rho_{\mathrm{sh}.i}^{(k)} h_{\mathrm{sh}.i}^{(k)} S_{\mathrm{sh}.i} \cdot L_{\mathrm{sh}.i} - \sum_{i=1}^{n} \rho_{\mathrm{sh}.i}^{(k-1)} h_{\mathrm{sh}.i}^{(k-1)} S_{\mathrm{sh}.i} \cdot L_{\mathrm{sh}.i} \\ &+ c_{\mathrm{sh.m}} M_{\mathrm{sh.m}} \Delta\theta_{\mathrm{sh.m}}\end{aligned} \tag{2.36}$$

$$Q_{\mathrm{g\_sh}} = \frac{\Delta E_{\mathrm{sh}}}{\Delta t} + Q_{\mathrm{sh.out}} - Q_{\mathrm{sh.in}} \tag{2.37}$$

式中，k 是当前时刻；k–1 是前一时刻；$Q_{\mathrm{sh.in}}$ 是饱和蒸汽能量，即过热器系统输入能量；$Q_{\mathrm{sh.out}}$ 是过热蒸汽能量，即过热器系统输出能量；E_{sh} 是过热器中工质总能量；$h_{\mathrm{sh.in}}$ 和 $h_{\mathrm{sh.out}}$ 分别是饱和蒸汽焓值和过热蒸汽焓值，与工质的温度和压力相关，由工质物性参数数据库提供；$c_{\mathrm{sh.m}}$、$M_{\mathrm{sh.m}}$ 和 $\Delta\theta_{\mathrm{sh.m}}$ 分别是过热器金属管壁的比热容、质量和温度波动。其中，比热容为固定值，质量根据锅炉制造厂提供的设计图纸计算获得，温度波动通过金属管壁温度测点获得。$G_{\mathrm{sh.in}}$、$G_{\mathrm{sh.out}}$、$S_{\mathrm{sh}.i}$、$L_{\mathrm{sh.i}}$ 及 $\rho_{\mathrm{sh}.i}$ 与过热器中工质质量衡算式(2.32)～式(2.34)中相应参数相同。$h_{\mathrm{sh}.i}$ 是第 i 段管道内工质的焓值，与工质的温度和压力相关，由工质物性参数数据库提供。$Q_{\mathrm{g\_sh}}$ 是烟气通过过热器传递给工质的能量，即烟气在过热器热交换中减少的能量。

(二) 再热器热交换模型

再热器中工质质量衡算：

$$\frac{\Delta M_{\mathrm{rh}}}{\Delta t} = G_{\mathrm{rh.in}} - G_{\mathrm{rh.out}},\quad \Delta t\text{=5s} \tag{2.38}$$

$$G_{\mathrm{rh.in}} = G_{\mathrm{ms}} - G_{\mathrm{hh1}} - G_{\mathrm{hh2}} \tag{2.39}$$

$$\Delta M_{\mathrm{rh}} = M_{\mathrm{rh}}(k) - M_{\mathrm{rh}}(k-1) = \sum_{i=1}^{n} \rho_{\mathrm{rh}.i}^{(k)} S_{\mathrm{rh}.i} \cdot L_{\mathrm{rh}.i} - \sum_{i=1}^{n} \rho_{\mathrm{rh}.i}^{(k-1)} S_{\mathrm{rh}.i} \cdot L_{\mathrm{rh}.i} \tag{2.40}$$

$$G_{\mathrm{rh.out}} = G_{\mathrm{rh.in}} - \frac{\Delta M_{\mathrm{rh}}}{\Delta t} \tag{2.41}$$

式中，k 是当前时刻；k–1 是前一时刻；$G_{\mathrm{rh.in}}$ 是再热器入口蒸汽流量，即再热器系统输入质量；$G_{\mathrm{rh.out}}$ 是再热器出口蒸汽流量，即再热器系统输出质量；G_{hh1}、G_{hh2} 分别是高压缸送入高压加热器#1 和高压加热器#2 的蒸汽流量；G_{ms} 是主蒸汽流量，与式(2.32)中 $G_{\mathrm{sh.out}}$ 相等；M_{rh} 是再热器系统中工质总质量；n 是沿着工质流动方向将再热器系统划分的管段数；$L_{rh.i}$ 是每段再热器管段的长度；$S_{rh.i}$ 是所划分各再热器管段的截面积，同一再热器管段内视为截面积不变；$\rho_{rh.i}$ 为该段管道内工质的密度，与工质温度和压力相关，由工质物性参数数据库提供。

再热器中工质能量衡算：

$$\frac{\Delta E_{rh}}{\Delta t}=Q_{rh.in}+Q_{g\_rh}-Q_{rh.out}=G_{rh.in}h_{rh.in}+Q_{g\_rh}-G_{rh.out}h_{rh.out} \tag{2.42}$$

$$\Delta E_{rh}=E_{rh}(k)-E_{rh}(k-1)=\sum_{i=1}^{n}\rho_{rh.i}^{(k)}h_{rh.i}^{(k)}S_{rh.i}\cdot L_{rh.i}-\sum_{i=1}^{n}\rho_{rh.i}^{(k-1)}h_{rh.i}^{(k-1)}S_{rh.i}\cdot L_{rh.i}+c_{rh.m}M_{rh.m}\Delta\theta_{rh.m} \tag{2.43}$$

$$Q_{g\_rh}=\frac{\Delta E_{rh}}{\Delta t}+Q_{rh.out}-Q_{rh.in} \tag{2.44}$$

式中，k 是当前时刻；k-1 是前一时刻；$Q_{rh.in}$ 是冷再热蒸汽能量，即再热器系统输入能量；$Q_{rh.out}$ 是热再热蒸汽能量，即再热器系统输出能量；E_{rh} 是再热器中工质总能量；$h_{rh.in}$ 和 $h_{rh.out}$ 分别是冷再热蒸汽焓值和热再热蒸汽焓值，与工质的温度和压力相关，由工质物性参数数据库提供；$c_{rh.m}$、$M_{rh.m}$ 和 $\Delta\theta_{rh.m}$ 分别是再热器金属管壁的比热容、质量和温度波动。其中，比热容为固定值，质量根据锅炉制造厂提供的设计图纸计算获得，温度波动通过金属管壁温度测点获得。$G_{rh.in}$、$G_{rh.out}$、$S_{rh.i}$、$L_{rh.i}$ 及 $\rho_{rh.i}$ 与再热器中工质质量衡算式(2.38)～式(2.41)中相应参数相同。$h_{rh.i}$ 是第 i 段管道内工质的焓值，与工质的温度和压力相关，由工质物性参数数据库提供。Q_{g_rh} 是烟气通过再热器传递给工质的能量，即烟气在再热器热交换中减少的能量。

(三)烟气能量衡算模型

烟气是燃料与氧气(O_2)发生化学反应后的产物。在现代大型火力发电厂中，煤粉燃烧所用的氧气直接来源于空气。为保证燃料充分燃烧，进入炉膛的空气都是过量的。烟气的主要成分有氮气(N_2)、二氧化碳(CO_2)、氧气(O_2)和水蒸气，还有少量的氢气(H_2)、甲烷(CH_4)和其他氧化物［如二氧化硫(SO_2)、二氧化氮(NO_2)、一氧化碳(CO)等］。N_2 主要来自过量空气，煤中也含有少量的氮；O_2 来源于过量空气；CO_2 是煤中碳燃烧的主要产物，另外过量空气中也含有少量 CO_2。水蒸气一部分是煤中的氢元素与氧气反应的生成物，另一部分是原煤中的水分蒸发，还有一小部分是随过量空气带入的。其他成分含量较少，对于烟气的比热容、密度影响不大，在排烟热损失计算中予以忽略[15]。

多数文献在计算烟气物性参数时未考虑烟气成分的变化，而是采用了平均烟气成分的体积分数(如 V_{CO_2}=0.13，V_{H_2O}=0.11，V_{N_2}=0.76，其中 V_{N_2} 表示 N_2 的体积分数)来计算。有的虽然涉及了烟气成分，即采用平均烟气的物性参数乘以一个修正系数的方法，但是对于不同的烟气物性，修正系数各不相同，而每个修正系数牵涉的参数也不一样，所以编写计算修正系数的程序要花费大量时间和精力，而且程序相当烦琐。

烟气水蒸气体积计算公式如下：

$$V_{H_2O} = B_i(0.1111H_{ar} + 0.0124W_{ar} + 0.161\alpha V_{Oi}) \tag{2.45}$$

式中，下标“ar”指“收到基”；B_i 是锅炉平均负荷下燃煤量，kg/s；H_{ar} 是燃煤收到基氢分；W_{ar} 是燃煤收到基水分；α 是除尘器出口过量空气系数；V_{Oi} 是燃烧1kg 煤的理论空气量，m^3/kg。

另外，安装在空预器尾端的测点可以较为精确地测量烟气中的含氧量。假定烟气中 N_2 摩尔分数为 0.76，根据上述方法分别计算、测定水蒸气和 O_2 摩尔分数，忽略其他产物含量，就能得出余下的 CO_2 摩尔分数，从而确定烟气成分。

如果计算所针对的火力发电厂处于高海拔和高湿度的天气环境，则可以取过量空气的成分的体积分数分别为 V_{CO_2}=0.03，V_{H_2O}=0.01，V_{N_2}=0.77，V_{O_2}=0.19。

排烟热损失计算公式如下：

$$q_2 = K(Q_{py} - Q_{c.air}) / Q_{coal} \times 100\% \tag{2.46}$$

式中，q_2 是烟气尾气的能量；K 是燃煤固体未完全燃烧修正值；Q_{py} 是排烟能量，kJ；$Q_{c.air}$ 是冷空气能量，kJ；Q_{coal} 是燃煤燃烧总热量，kJ，Q_{coal} 由实时的锅炉给煤量乘以燃煤低位发热量得到。

$$K = (100 - q_4) / 100 \tag{2.47}$$

式中，q_4 是燃煤固体未完全燃烧热损失，%。

q_4 计算公式如下：

$$q_4 = A_{ad} \cdot A_{fh} \cdot C_{fh} / F_{cad} \tag{2.48}$$

式中，A_{ad} 是燃煤灰分，%；A_{fh} 是灰分中的飞灰含量，%；C_{fh} 是飞灰含碳量，%；F_{cad} 是燃煤固定碳，%。燃煤灰分、灰分中的飞灰含量和燃煤固定碳相对稳定，均取煤质分析平均值，飞灰含碳量是 q_4 的主要影响因素，由在线测点给出。这样既体现了燃煤固体未完全燃烧热损失的动态变化，又避免了引入大量的化验数据。

$$Q_{py} = c_{py} \cdot \rho_{py} \cdot qV_{py} \cdot \theta_{py} \tag{2.49}$$

$$Q_{c.air} = c_{c.air} \cdot \rho_{c.air} \cdot qV_{c.air} \cdot \theta_{c.air} \tag{2.50}$$

式中，c 是气体比热容，kJ/(kg • ℃)；ρ 是气体密度，kg/m^3；qV 是气体体积流量，m^3/s；θ 是气体温度，℃；下标 py 和 c.air 分别表示排烟和冷空气。烟气流量、烟气温度、冷空气的流量均读取实时测点数据，冷空气温度取 25℃。

三、燃煤放热量估计模型的计算结果与分析

图 2.5 是基于某电厂#2 机组现场 DCS 中 24h 记录数据，各能量衡算子模型以及锅炉实时燃烧总能量的计算结果。

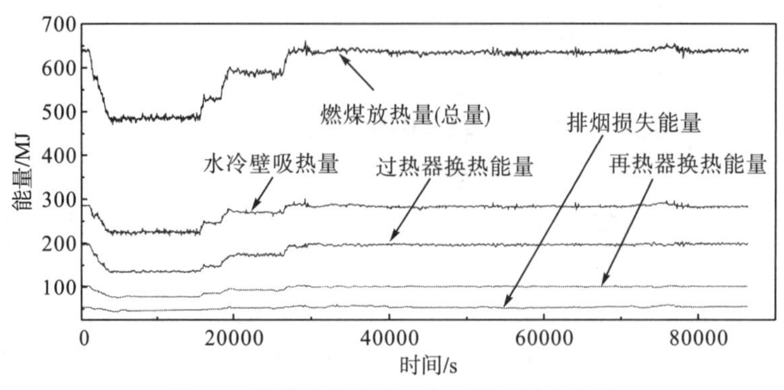

图 2.5 燃煤放热量估计各子模型输出能量

由图 2.5 可以看出，各子模型计算结果以及锅炉燃烧总能量之间保持正比例关系，且与当日机组负荷变化完全符合，另外可以看出，燃煤放热量(总量)等于水冷壁吸热量、过热器换热能量、再热器换热能量及排烟损失能量之和，且水冷壁吸热量和高温烟气能量(即过热器换热能量、再热器换热能量及排烟损失能量之和)占燃煤放热量(总量)的比例大约是 48%和 52%，与锅炉设计规程中相关设计运行参数符合。

第四节 入炉煤低位发热量估计模型

由于现场 DCS 中没有直接的能量测点信息可直接用于模型验证，所以采用计算燃煤热值的方法进行间接验证，燃煤热值验证数据取自运行人员的离线化验值。给煤质量直接采用给煤机皮带秤重(现场 DCS 中有相关测点信息)，如图 2.6 所示。

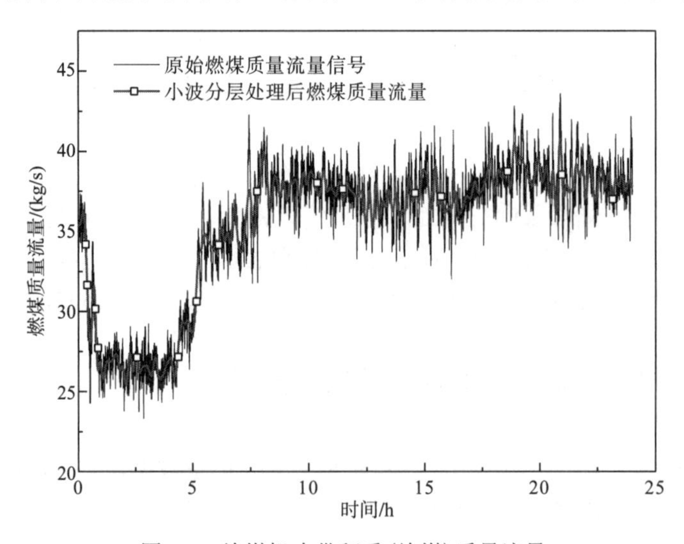

图 2.6 给煤机皮带秤重(给煤)质量流量

燃煤热值、燃煤燃烧总发热量和给煤质量满足以下等式：

燃煤热值=燃煤燃烧总发热量/给煤质量

然而动态地看，在估计燃煤燃烧总发热量时，水冷壁吸热量计算用到汽包内工质的焓(实测)，高温烟气携带的能量计算则用到主蒸汽焓(实测)，这两个实测值与给煤质量之间均存在相位滞后。粗略地说，该相位滞后与锅炉侧宏观能量衡算模型的动态部分(θ,τ)基本相同。因此，在进行入炉煤低位发热量计算时，需要对给煤质量流量施以一阶+纯滞后的相位补偿。

图 2.7 是某时段燃煤热值计算值与化验值的比较，所用的给煤质量为 DCS 原始记录。可以看出，在负荷稳定时，燃煤热值的计算值和化验值基本吻合，但在负荷切换点处，计算值有冲高或冲低的现象，这主要是由给煤质量引起的。事实上，由图 2.6 可以看出，在负荷切换点给煤质量会有严重超调，正是这部分超调量引起计算值的冲高或冲低。实际上这部分给煤质量并未进入炉膛参与燃烧。因此，采用小波分析进一步研究给煤质量高频噪声去噪问题。具体做法是，利用 Daubechies 小波将原始给煤信号分为 10 层，截止频率设为 2～9Hz，处理后保留交流信号周期大于 512s，这些信号位于第 9 层和第 10 层，与原始信号没有相位差。经小波滤波后的给煤质量信号见图 2.6。

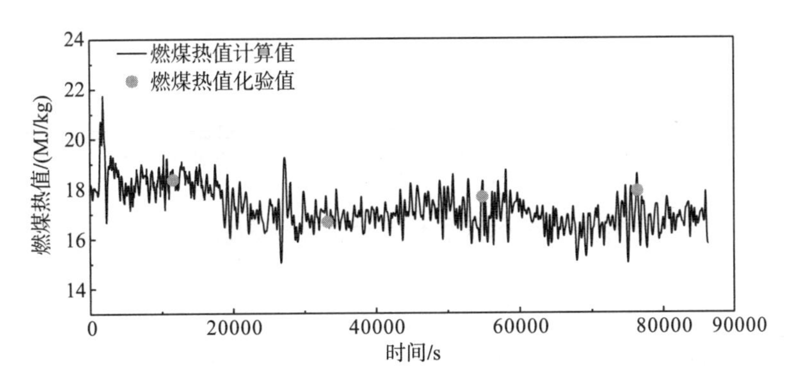

图 2.7　基于原始给煤质量测量值计算燃煤热值与实际燃煤热值化验值的比较

采用以上模型在线计算入炉煤热值，并与运行人员离线分析的实测结果进行对比。图 2.8 是试点机组在六个时段内入炉煤低位发热量正常离线化验值和基于模型的入炉煤低位发热量在线计算值对比，其中后者取 6h 的平均值。六张图中两组数据的相对误差标准差分别为 4.72%、4.91%、4.92%、3.50%、4.63% 和 4.15%。可见，基于模型的入炉煤低位发热量在线计算值与正常离线化验值吻合度较高。

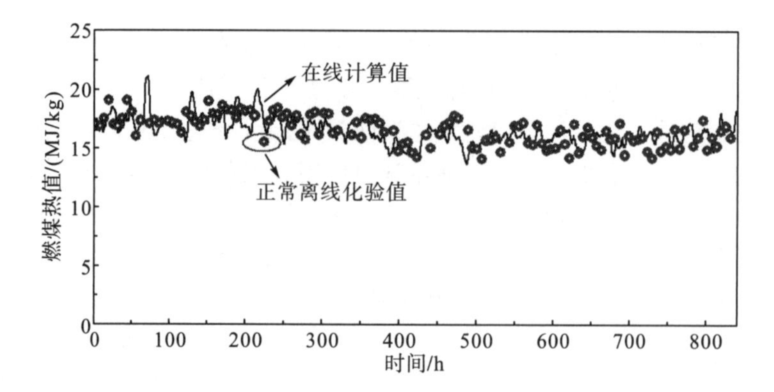

(a)运行时段 1 入炉煤低位发热量正常离线化验值和在线计算值对比(35 天)

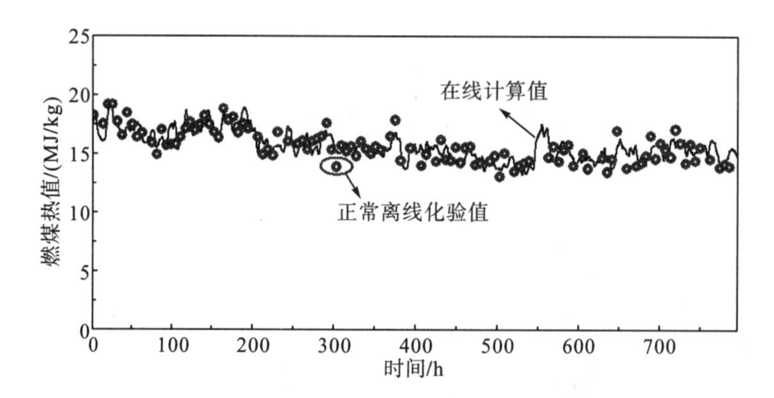

(b)运行时段 2 入炉煤低位发热量正常离线化验值和在线计算值对比(33 天)

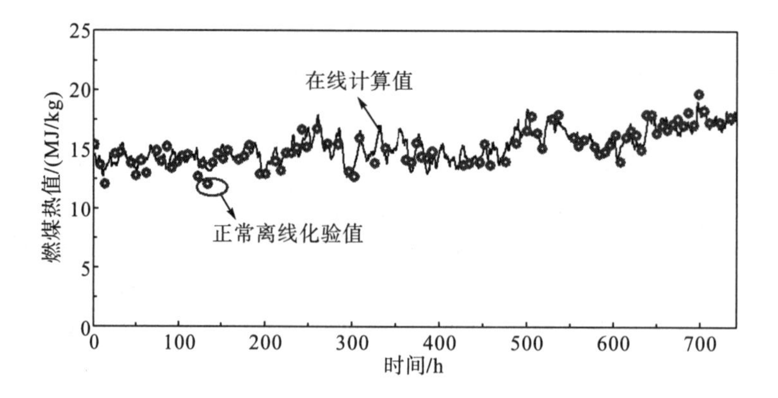

(c)运行时段 3 入炉煤低位发热量正常离线化验值和在线计算值对比(31 天)

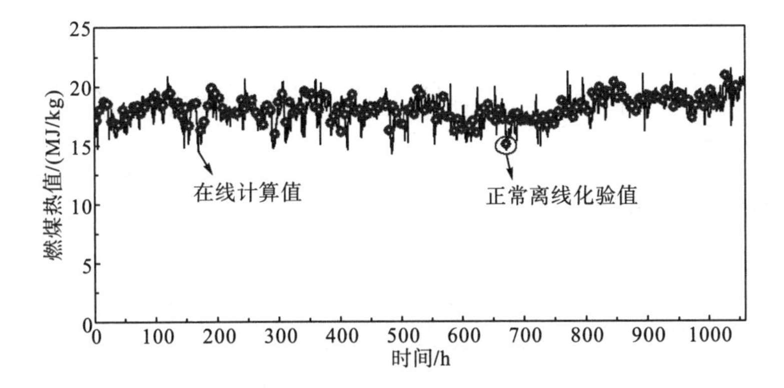

(d)运行时段 4 入炉煤低位发热量正常离线化验值和在线计算值对比(44 天)

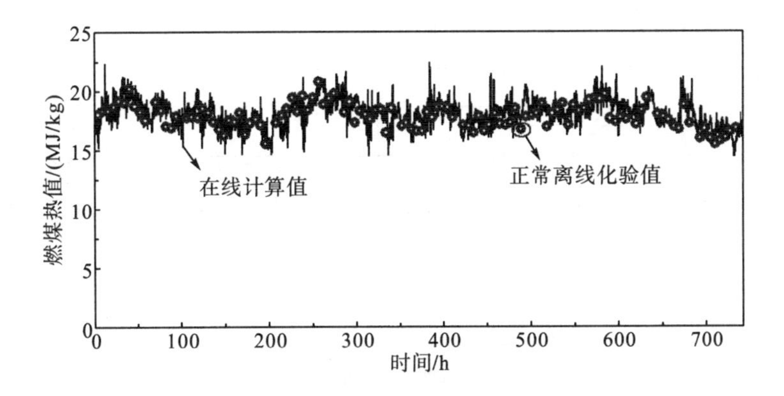

(e)运行时段 5 入炉煤低位发热量正常离线化验值和在线计算值对比(31 天)

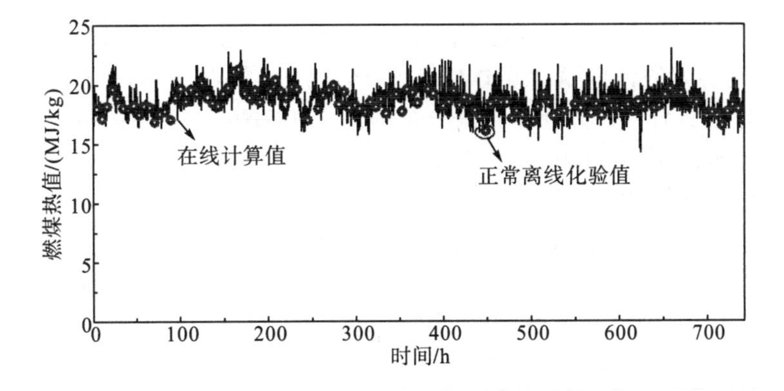

(f)运行时段 6 入炉煤低位发热量正常离线化验值和在线计算值对比(31 天)

图 2.8　六个时段内入炉煤低位发热量正常离线化验值和基于模型的入炉煤低位发热量在线计算值对比

第五节 支持并行调用的工质和烟气物性参数数据库

一、工质物性参数数据库

自1999年1月1日后，水和水蒸气性质国际联合会要求在商业合同中采用新型的水和水蒸气热力性质工业公式，即IAPWS-IF97。国内已有一些基于IAPWS-IF97公式编写的水和水蒸气热力学性质计算软件，但是还没有基于MATLAB软件的模块，尤其是还没有具备批量处理能力的模块。本技术基于MATLAB软件，开发了具备批量处理能力的计算模型。

(一) IAPWS-IF97公式的技术特点

1. 适用范围

在原IFC-67公式的适用范围($273.15K \leqslant T \leqslant 1073.15K$，$P \leqslant 100MPa$)的基础上增加了低压高温区，即$1073.15K \leqslant T \leqslant 2273.15K$，$P \leqslant 10MPa$，并新增了一个重要参数(声速$w$)。

2. 分区

IAPWS-IF97公式将上述有效范围划分为五个区。1区为冷水区；2区为过热蒸汽区；3区为临界状态区；4区为饱和水及饱和蒸汽区；5区为超临界区。

3. 边界一致性

各区的计算模型在其边界处具有很好的一致性。例如，对于比定压热容c_p在2区、3区边界处的计算偏差虽比1区、3区边界处的大，但仍在0.35%之内，而采用IFC-67公式计算，此处计算偏差为6%。在饱和线上，饱和压力P_{st}的最大偏差小于0.007%，而IFC-67公式却达到0.22%。

以上技术特点可以满足全流程仿真计算中关于工质(水和水蒸气)的焓值、密度、比熵、比热容以及声速的实时计算，使用范围覆盖可能出现的所有状态和相态。除了具体实现IAPWS-IF97公式之外，还需开发批量处理功能，大大减少多状态、多相态工质热工参数并行计算的时间。

(二) 支持并行调用的实时数据库模块开发

本数据库软件支持函数模块化调用，多类子函数可以满足不同情况下的系统需求，支持批处理模式，使计算速度达到最优化。采用MATLAB软件中的人机界面模块开发人机界面，便于火力发电厂操作人员对当前工质焓值的实时计算。数学模型严格遵循 IAPWS-IF97 公式，下面以焓值和密度的计算方法为例进行说明。

IAPWS-IF97 公式中对于 1 区冷水区数学模型如下。

适用区域：

$$273.15\text{K} \leqslant T \leqslant 623.15\text{K};\ P_{\text{st}}(T) \leqslant P \leqslant 100\text{MPa}$$

式中，P_{st} 是 4 区饱和水及饱和蒸汽区曲线对应压力。

基本公式：

自由焓［吉布斯(Gibbs)自由能］方程为

$$\frac{g(P,T)}{RT} = \gamma(\pi,\tau) = \sum_{i=1}^{34} n_i (7.1-\pi)^{I_i}(\tau-1.222)^{J_i} \tag{2.51}$$

式中，n_i、I_i、J_i 由标准表查得。

$$\pi = \frac{P}{P^*},\quad \tau = \frac{T^*}{T},\quad P^*=16.53\text{MPa},\quad T^*=1386\text{K}$$

焓值计算公式：

$$h(T,P) = RT\tau\gamma_\pi \tag{2.52}$$

$$\gamma_\pi = \left(\frac{\partial\gamma}{\partial\pi}\right)_\tau = \sum_{i=1}^{34} -n_i I_i (7.1-\pi)^{(I_i-1)}(\tau-1.222)^{J_i} \tag{2.53}$$

密度计算公式：

$$\rho(T,P) = \frac{P}{RT\pi\gamma_\pi} \tag{2.54}$$

IAPWS-IF97 公式中对于 2 区过热蒸汽区数学模型如下。

适用区域:

$273.15\text{K} \leqslant T \leqslant 623.15\text{K};\ 0 \leqslant P \leqslant P_{\text{st}}(T)$

$623.15\text{K} < T < 863.15\text{K};\ 0 < P < P_{\text{b}}(T)$

$863.15\text{K} \leqslant T \leqslant 1073.15\text{K};\ 0 \leqslant P \leqslant 100\text{MPa}$

式中，P_{b} 是某温度 T_{b} 下的临界压力，由式(2.55)确定，单位为 MPa，T_{b} 单位为 K。

$$\pi = n_1 + n_2\theta + n_3\theta^2 \tag{2.55}$$

$$\theta = n_4 + \left(\frac{\pi - n_5}{n_3}\right)^{0.5} \tag{2.56}$$

其中，$\pi = P_{\text{b}}$；$\theta = T_{\text{b}}$；n_i 由表 2.1 查得。

表 2.1 公式参数查询表

I	n_i
1	$0.34895185628969\times10^{3}$
2	$-0.11671859879975\times10^{1}$
3	$0.10192970039326\times10^{-2}$
4	$0.57254459862746\times10^{3}$
5	$0.13918839778870\times10^{2}$

焓值计算公式：

$$h(T,P) = RT\tau\left(\gamma_\tau^0 + \gamma_\tau^\gamma\right) \tag{2.57}$$

$$\gamma(T,P)=\frac{g(P,T)}{RT}=\gamma^0(T,P)+\gamma^\gamma(T,P) \tag{2.58}$$

$$\gamma^0 = \ln\pi + \sum_{i=1}^{9} n_i^0 \tau^{J_i^0} \tag{2.59}$$

$$\gamma^\gamma = \sum_{i=1}^{43} n_i \pi^{I_i}(\tau-0.5)^{J_i} \tag{2.60}$$

$$\gamma_\tau^0 = \left(\frac{\partial\gamma^0}{\partial\tau}\right)_\pi = \sum_{i=1}^{9} n_i^0 J_i^0 \tau^{J_i^0-1} \tag{2.61}$$

$$\gamma_\tau^\gamma = \left(\frac{\partial\gamma^{\mathrm{r}}}{\partial\tau}\right)_\pi = \sum_{i=1}^{43} n_i \pi^{I_i}(\tau-0.5)^{J_i-1} \tag{2.62}$$

密度计算公式：

$$\rho(T,P)=\frac{P}{RT\pi\left(\gamma_\pi^0+\gamma_\pi^\gamma\right)} \tag{2.63}$$

$$\gamma_\pi^0 = \left(\frac{\partial\gamma^0}{\partial\pi}\right)_\tau = \frac{1}{\pi} \tag{2.64}$$

$$\gamma_\pi^\gamma = \left(\frac{\partial\gamma^\gamma}{\partial\pi}\right)_\tau = \sum_{i=1}^{43} n_i I_i \pi^{I_i-1}(\tau-0.5)^{J_i} \tag{2.65}$$

式中，n_i、I_i、J_i 由对应标准数据表查得。

IAPWS-IF97 公式中对于 3 区临界状态区数学模型如下。

适用区域：

$$623.15\mathrm{K}\leqslant T\leqslant T_\mathrm{b};\ P_\mathrm{b}\leqslant P\leqslant 100\mathrm{MPa}$$

式中，P_b 和 T_b 由式(2.55)和式(2.56)确定。

基本公式：

$$\frac{P(T,\rho)}{\rho RT}=\delta\varphi_{\delta} \tag{2.66}$$

式中，$\delta=\frac{\rho}{\rho_{c}}=\frac{\rho}{322\text{kg}/\text{m}^3}$。

焓值计算公式：

$$h(T,P)=RT(\tau\varphi_{\tau}+\delta\varphi_{\delta}) \tag{2.67}$$

$$\varphi_{\tau}=\left(\frac{\partial\varphi}{\partial\tau}\right)_{\delta}=\sum_{i=2}^{40}n_i\delta^{I_i}J_i\tau^{J_i-1} \tag{2.68}$$

$$\varphi_{\delta}=\left(\frac{\partial\varphi}{\partial\delta}\right)_{\tau}=\frac{n_1}{\delta}+\sum_{i=2}^{40}n_iI_i\delta^{I_i-1}\tau^{J_i} \tag{2.69}$$

式中，n_i、I_i、J_i 由对应标准数据表查得；$\tau=\frac{T_c}{T}=\frac{647.096\text{K}}{T}$。临界状态区域的密度计算由基本公式解方程求得。

IAPWS-IF97 公式中对于 4 区饱和水及饱和蒸汽区数学模型如下。

适用区域：

273.15K≤T≤647.096K；611.213Pa≤P≤22.064MPa

在此区域中温度与压力一一对应。

基本公式：

$$P_{st}(T)=\left[\frac{2C}{-B+(B^2-4AC)^{0.5}}\right]^4 \tag{2.70}$$

$$A=\vartheta^2+n_1\vartheta+n_2 \tag{2.71}$$

$$B=n_3\vartheta^2+n_4\vartheta+n_5 \tag{2.72}$$

$$C=n_6\vartheta^2+n_7\vartheta+n_8 \tag{2.73}$$

$$\vartheta=T+\frac{n_9}{T-n_{10}} \tag{2.74}$$

式中，n_i 由对应标准数据表查得。

在本区中，对应模型为一条曲线，但有两种相态(饱和水态与饱和蒸汽态)，其中，饱和水态的计算依据 1 区的计算公式求得；饱和蒸汽态的计算依据 2 区与 3 区的计算公式求得。

本模型通过 MATLAB 编程实现 IAPWS-IF97 公式对各区的数学描述，并开发批量数据处理方法。

本数据库软件包含以下功能模块。

(1) 分区计算模块：对火力发电厂工质的不同状态和相态分区进行处理，建立不同的小模块来满足特殊情况下的需求，并在此基础上建立上级模块。

⑵区域判别及调度模块：对已经建立的分区计算模块进行统筹调度，主要进行火力发电厂工质相态的判别，此外，在此模块中着重进行了相变时焓值和密度跳变的处理。

⑶批处理分区计算模块：将分区计算模块进行新的处理和整合，利用MATLAB中矩阵的处理优势进行批处理，避免了传统的循环迭代运算，大大缩短运算时间。利用向量输入、向量输出，提高了此模块的调用效率。

⑷批处理区域判别及调度模块：采用标记法对输入的不同状态、不同相态进行标记分组，再利用批处理分区计算模块进行计算，然后利用标记法重新整合输出矩阵，避免大量的循环判断以及迭代，使计算时间可以节省70%以上。

⑸特殊状态处理模块：当火力发电厂工质处于饱和状态时，温度、压力成一一对应关系，因此本软件开发了在此状态下进行单一输入的功能，可以将温度或压力作为单一输入进行计算。此外，将此状态下相对应的另一个输入量(压力或温度)作为输出，以便用户使用。

(三)数据库调用步骤

步骤 1：输入一组温度、压力一一对应的数据，通过模型中数据筛选模块对原始数据进行分区筛选，并进行编号排序，以便将对应的计算结果输出。

步骤 2：对筛选过的不同区域的数据选用相对应的分区计算模块进行焓值及密度的计算，并将结果保存。

步骤 3：利用步骤 1 中编号对计算结果进行处理，使输出排序和输入排序一一对应。

步骤 4：判断计算结果是否有效(是否超出适用范围)，输出最终结果。

数据库调用单步执行时间小于 1ms，与国家标准结果值(简称国标值)对比，计算平均相对误差小于 0.1%，完全能够支持水冷壁吸热量模型和高温烟气通道换热器涉及工质物性参数的实时计算。

图 2.9 是工质物性参数实时数据库所包含的压力、温度、焓值的三维关系图，借此可以直观了解不同分区状态下的调用计算结果。图 2.10 则是工质物性参数实时数据库所包含的压力、温度、密度三维关系图。图 2.11 是本模型计算值与国标值的对比图，平均相对误差仅为 0.063%。

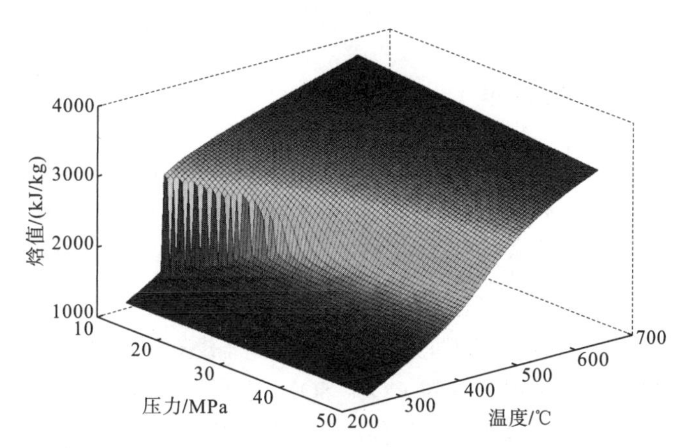

图 2.9　火力发电工质热力学性质计算模型压力、温度、焓值三维关系图

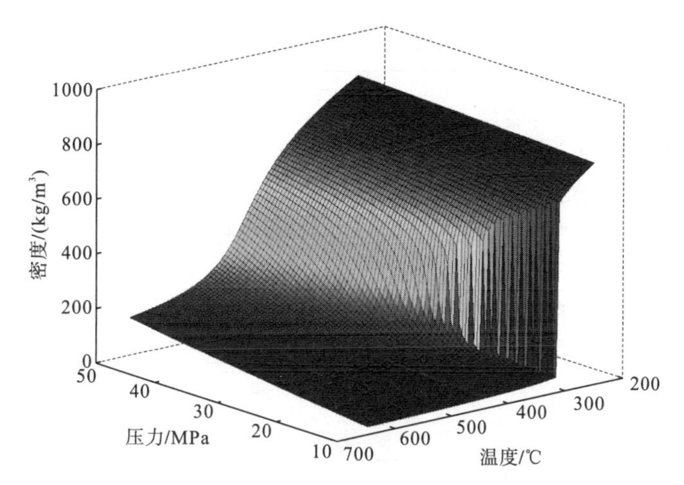

图 2.10　火力发电工质热力学性质计算模型压力、温度、密度三维关系图

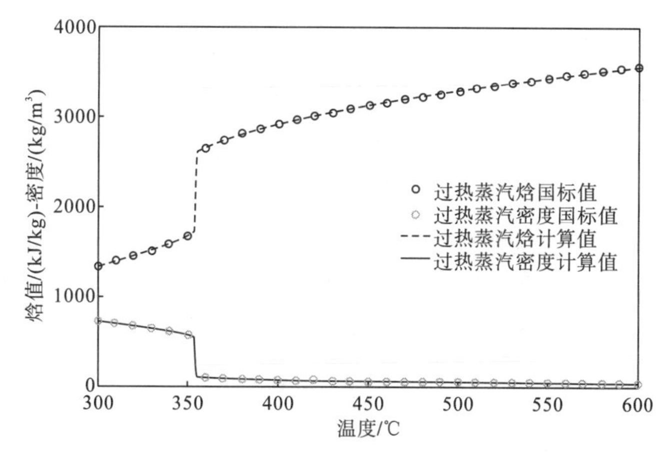

图 2.11　火力发电工质热力学性质计算模型计算值与国标值对比图

二、烟气物性参数数据库

烟气物性参数数据库建立了烟气温度、压力与焓值和密度的关系。单位质量气体的焓等于比定压热容(当该值随温度变化时，应视为平均比定压热容)与摄氏温度的乘积。在锅炉的热力计算中，烟气焓值计算有特定含义。烟气焓是指1kg收到基燃料充分燃烧(一般在过量空气系数 $\alpha>1$ 的情况下)产生的烟气体积乘以烟气的平均比定压热容及烟温。由此可以理解为：1kg收到基燃料通常在过量空气系数 $\alpha>1$ 的情况下充分燃烧，则燃料产物为 CO_2、SO_2、水蒸气、剩余空气以及部分夹带飞灰。故烟气焓值可以通过计算这些气体的焓值和烟气中的飞灰焓值来求得。

第六节　空预器漏风率实时监测模型

空预器漏风率的实时计算对确保风烟系统的模型精度至关重要。本书的空预器漏风率实时监测模型可以很好地反映空预器的运行状况，为空预器检修提供参考和建议。

一、空预器漏风率的实时监测——基于烟气含氧量[①]测量的方法

空预器漏风率计算方法如图2.12所示。

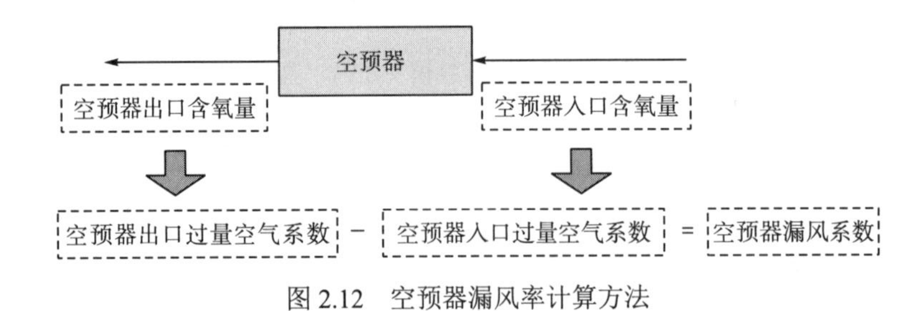

图2.12　空预器漏风率计算方法

空预器漏风率= 空预器漏风系数/空预器入口过量空气系数×90% [10]

因此，可以根据空预器出、入口的含氧量来推算空预器的漏风率，但首先需要计算过量空气系数。过量空气系数由式(2.75)求得：

$$\alpha = \frac{21}{21 - V_{O_2}} \times 100\% \tag{2.75}$$

① 本书“含氧量”指氧气的体积分数。

式中，α 是过量空气系数，%；V_{O_2} 是烟气中含氧量，%；21 是空气中的含氧量的体积分数。空预器漏风率与出、入口含氧量关系为

$$fA_{py} = \frac{\alpha_{AH.out} - \alpha_{AH.in}}{\alpha_{AH.in}} \times 90 = 90 \times \frac{V_{O_2.AH.out} - V_{O_2.AH.in}}{21 - V_{O_2.AH.out}} \tag{2.76}$$

式中，fA_{py} 是空预器漏风率，%；$\alpha_{AH.in}$ 与 $\alpha_{AH.out}$ 分别代表空预器进出口过量空气系数，%；$V_{O_2.AH.in}$ 与 $V_{O_2.AH.out}$ 分别代表空预器进、出口烟气的含氧量，%。

模型验证数据采自某试点机组实际运行数据，如图 2.13～图 2.15 所示。由结果可以看出，刚刚经过大修的空预器 A 的工作状况要好于尚未进行大修的空预器 B。

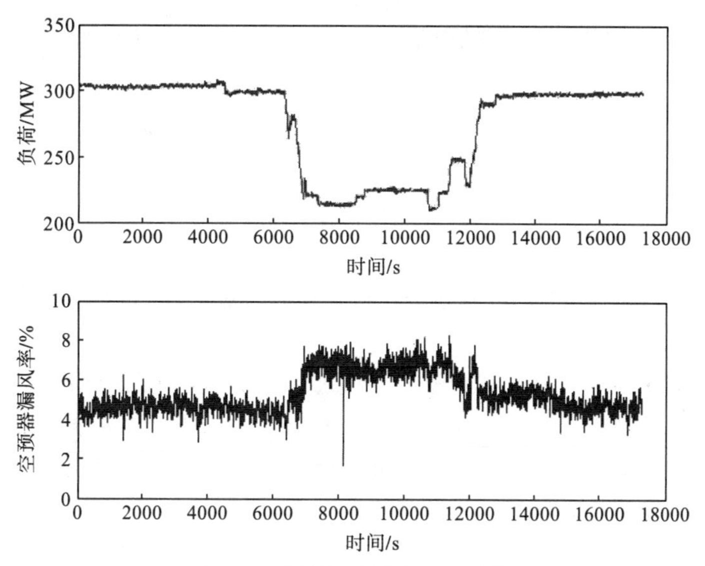

图 2.13　空预器整体漏风率情况

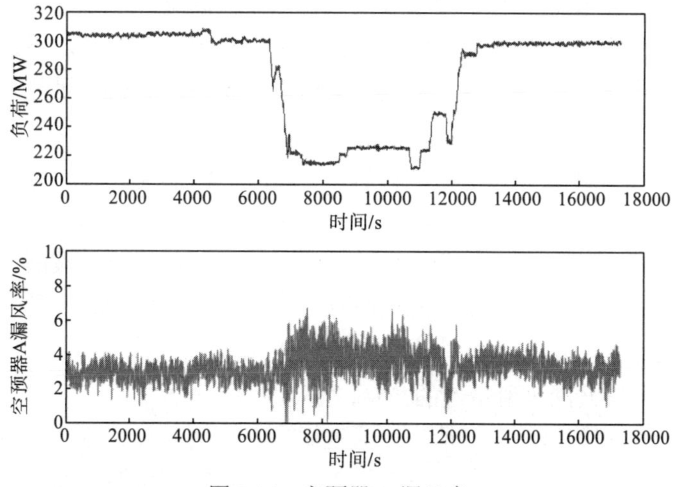

图 2.14　空预器 A 漏风率

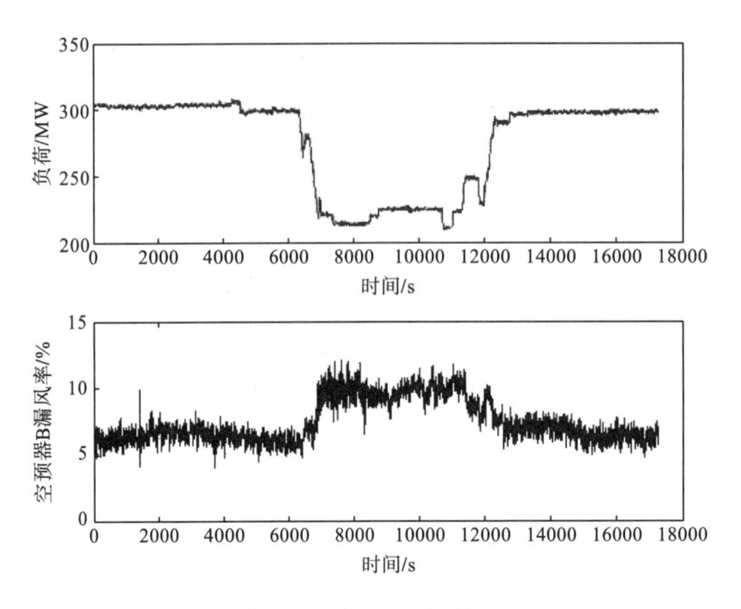

图 2.15 空预器 B 漏风率

二、空预器漏风率的实时监测——基于空预器出、入口温度的方法

传统的空预器漏风率计算方法主要通过出、入口含氧量的变化或出、入口 CO_2 体积分数进行计算。此类方法需要在空预器出、入口加装含氧量或 CO_2 测点。实际应用中，由于烟气颗粒的冲刷，该测点损坏率很高，需要定期维修或更换。本书建立了基于能量衡算的空预器漏风率实时监测模型。只需使用火力发电厂系统中的常规温度、压力和流量测点，通过烟气及空气的物性参数计算，得到漏风所引起的能量变化，从而反推实时漏风率。

本模型首先计算烟气和空气通过空预器后产生的焓变，即烟气在空预器内损失的热量和空气在空预器内获得的热量。如果空预器运转良好，不存在漏风，则烟气在空预器内损失的热量等于空气在空预器内获得的热量，即

$$\Delta Q_{fg} = \Delta Q_{air} \tag{2.77}$$

式中，ΔQ_{fg} 是烟气在空预器内损失的热量，kJ；ΔQ_{air} 是空气在空预器内获得的热量，kJ。

实际运行中，由于从空气侧向烟气侧存在漏风，部分热量被漏风从空气侧带入烟气侧，直接影响锅炉效率。能量衡算方程式改为式(2.78)：

$$\Delta Q_{fg} = \Delta Q_{air} + \Delta Q_l \tag{2.78}$$

式中，ΔQ_l 是烟气被漏风所带走的热量，kJ。

空预器烟气侧入口、出口焓变可通过温度、压力和体积流量测点借助烟气物性参数数据库实时计算；空预器空气侧入口、出口焓变可通过温度、压力和体积

流量测点借助烟气物性参数数据库实时计算。因此，借助现场 DCS 测点所提供的测点数据，可以推算漏风所带走的热量。

式(2.78)中所述能量皆指能量变化量，将现场可测出、入口能量代入后，见式(2.79)：

$$Q_{fg.in} - Q_{fg.out} = Q_{air.out} - Q_{air.in} + Q_{l.out} - Q_{l.in} \tag{2.79}$$

式中，$Q_{fg.in}$是空预器烟气入口测点计算热量；$Q_{fg.out}$是空预器烟气出口测点计算热量；$Q_{air.out}$是空预器空气出口测点计算热量；$Q_{air.in}$是空预器空气入口测点计算热量；$Q_{l.in}$是空预器实际漏风入口热量；$Q_{l.out}$是空预器实际漏风出口热量。

式(2.79)继续变换成与现场测点直接相关的方程，见式(2.80)：

$$\begin{aligned} f_1(c_{l.out}T_{l.out} - c_{l.in}T_{l.in}) = &(c_{fg.in}T_{fg.in}\rho_{fg.in}V_{fg.in} - c_{fg.out}T_{fg.out}\rho_{fg.out}V_{fg.out}) \\ &-(c_{air.out}T_{air.out}\rho_{air.out}V_{air.out} - c_{air.in}T_{air.in}\rho_{air.in}V_{air.in}) \end{aligned} \tag{2.80}$$

式中，f_1是空预器漏风量，kg/s；$c_{l.in}$、$c_{l.out}$分别是空预器漏风未吸热和吸热后的比热容，借助烟气物性参数数据库计算；$T_{l.in}$、$T_{l.out}$分别是空预器漏风未吸热和吸热后的温度，通过现场 DCS 测点读取；$c_{fg.in}$、$\rho_{fg.in}$分别是空预器烟气侧入口处烟气比热容和密度，借助烟气物性参数数据库计算；$T_{fg.in}$、$V_{fg.in}$分别是空预器烟气侧入口处烟气的温度和体积流量，通过现场 DCS 测点读取；$c_{fg.out}$、$\rho_{fg.out}$分别是空预器烟气侧出口处烟气比热容和密度，借助烟气物性参数数据库计算；$T_{fg.out}$、$V_{fg.out}$分别是空预器烟气侧出口处烟气的温度和体积流量，通过现场 DCS 测点读取；$c_{air.in}$、$\rho_{air.in}$分别是空预器空气侧入口处空气比热容和密度，借助空气物性参数数据库计算；$T_{air.in}$、$V_{air.in}$分别是空预器空气侧入口处空气的温度和体积流量，通过现场 DCS 测点读取；$c_{air.out}$、$\rho_{air.out}$分别是空预器空气侧出口处空气比热容和密度，借助烟气物性参数数据库计算；$T_{air.out}$、$V_{air.out}$分别是空预器空气侧出口处空气的温度和体积流量，通过现场 DCS 测点读取。

通过从现场 DCS 采集的数据以及烟气物性参数数据库，可实时计算空预器漏风量f_1。因此，空预器漏风率可通过式(2.81)计算：

$$漏风率 = \frac{f_1}{\rho_{fg.in}V_{fg.in}} \times 100\% \tag{2.81}$$

图 2.16 为空预器烟气侧损失热量及空气侧获得热量关系对比，采自某 300MW 火力发电机组 72h 的 DCS 数据，从计算结果可以得到：漏风的存在，迫使空预器烟气侧损失的热量大于空气侧所获得的热量。

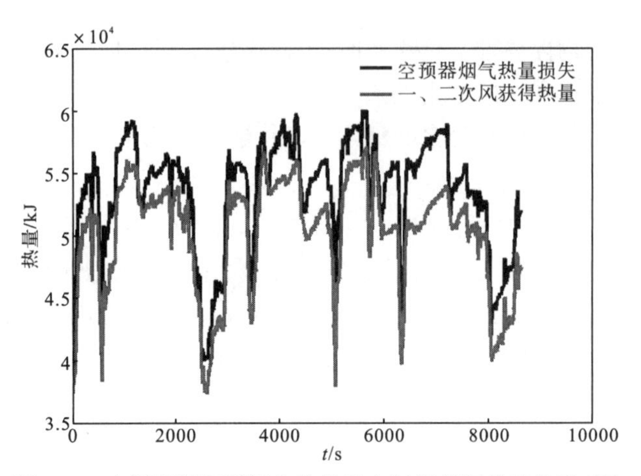

图 2.16 空预器烟气侧损失热量及空气侧获得热量关系对比

图 2.17 和图 2.18 为某 300MW 火力发电机组 72h 空预器 A 和空预器 B 实时漏风率，利用 DCS 数据计算得到。从计算结果可以得到，空预器 B 的工作状况略好于空预器 A。由于持续运行时间较长，空预器漏风率偏高，为提高锅炉系统运行效率，需要对空预器进行检修。

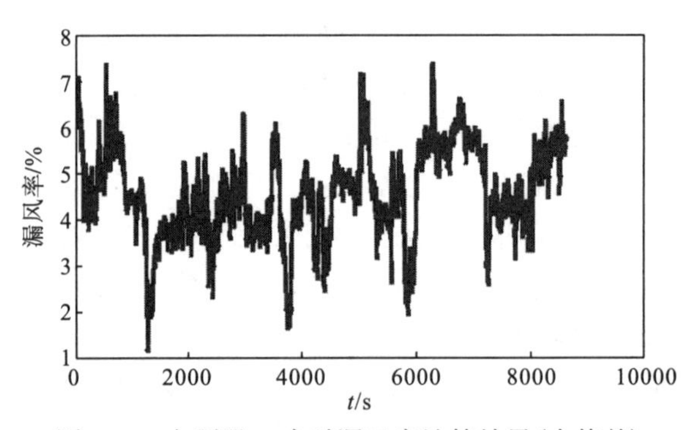

图 2.17 空预器 A 实时漏风率计算结果(大修前)

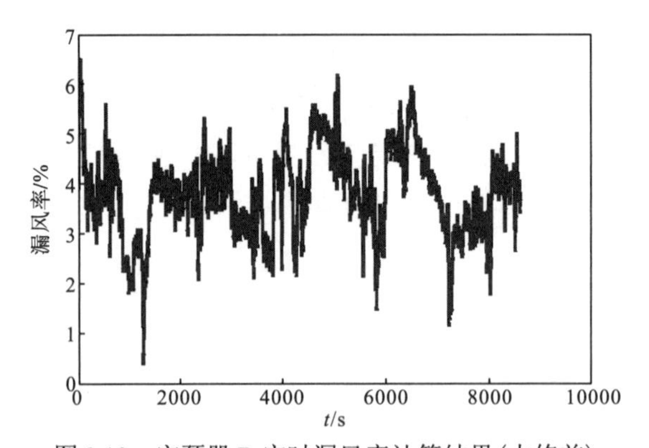

图 2.18 空预器 B 实时漏风率计算结果(大修前)

图 2.19 和图 2.20 所示为该机组大修后的 72h 空预器 A 和空预器 B 实时漏风率，利用 DCS 数据计算得到。从计算结果可以得到，空预器 A 和空预器 B 的漏风率相对于大修前有很大程度改观，说明在大修后，空预器运行状况较为良好。以上数据也从侧面说明，本空预器漏风率实时监测模型可以非常好地反映空预器运行状况，给出空预器维修建议，对火力发电厂节能减排目标有积极推动作用。

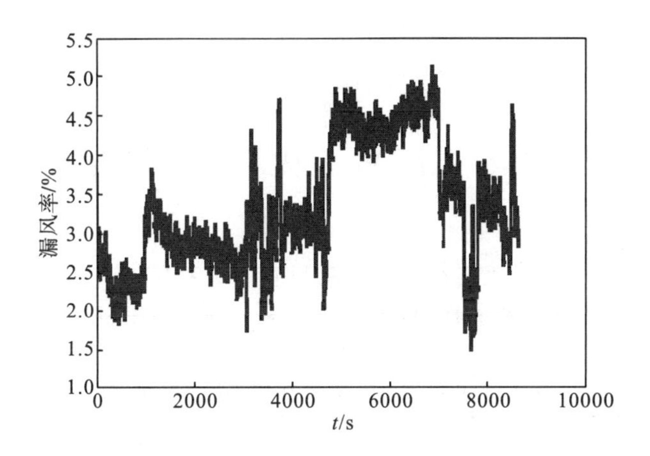

图 2.19　空预器 A 实时漏风率计算结果(大修后)

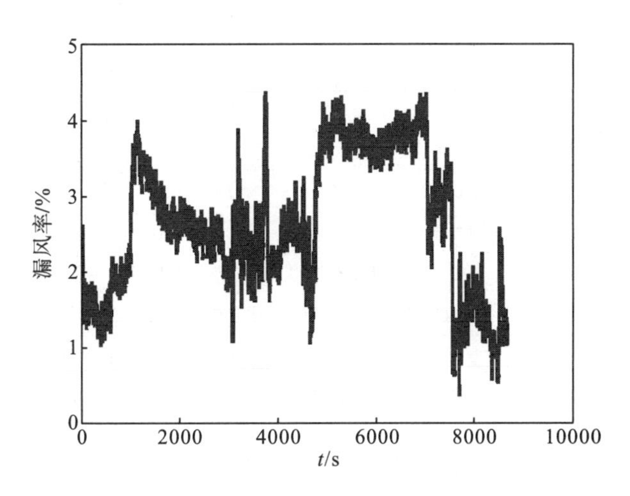

图 2.20　空预器 B 实时漏风率计算结果(大修后)

通过以上分析，基于热量衡算的空预器漏风率实时监测模型可以准确反映空预器实际运转状况，漏风率可在火力发电厂全流程仿真及优化平台中的排烟热损失、锅炉效率、燃煤热值等模型中提供重要数据。

第三章　基于低挥发分煤燃烧特性的 W 型火焰锅炉燃烧系统改造与优化调整

第一节　几种主流 W 型火焰锅炉的技术特点

表 3.1 列出贵州省境内 W 型火焰锅炉分布情况。在 37 台 W 型火焰锅炉中，采用 FW 技术的 20 台、采用 B&W 技术的 9 台、采用 MBEL 技术的 8 台。

表 3.1　贵州省境内 W 型火焰锅炉分布情况

<table>
<tr><th>生产厂家</th><th>技术类型</th><th>锅炉型号</th><th>锅炉名称</th><th>等级/MW</th><th>数量</th></tr>
<tr><td rowspan="9">东方锅炉厂</td><td rowspan="9">FW</td><td>DG1025/18.2-II 10 型</td><td>安顺电厂＃1、＃2 号炉</td><td>300</td><td>2</td></tr>
<tr><td rowspan="4">DG1025/18.2-II 15 型</td><td>安顺电厂＃3、＃4 号炉</td><td>300</td><td>2</td></tr>
<tr><td>鸭溪电厂＃3、＃4 号炉</td><td>300</td><td>2</td></tr>
<tr><td>黔北电厂＃3、＃4 号炉</td><td>300</td><td>2</td></tr>
<tr><td>大方电厂＃1～＃4 号炉</td><td>300</td><td>4</td></tr>
<tr><td>DG2010/25.31-II 12 型</td><td>六枝电厂＃1、＃2 号炉</td><td>660</td><td>2</td></tr>
<tr><td>DG2020/25.31-II 12 型</td><td>茶园电厂＃1、＃2 号炉</td><td>660</td><td>2</td></tr>
<tr><td>DG1900/25.4-II 8 型</td><td>桐梓电厂＃1、＃2 号炉</td><td>600</td><td>2</td></tr>
<tr><td>DG2076/25.83-II 12 型</td><td>织金电厂＃1、＃2 号炉</td><td>660</td><td>2</td></tr>
<tr><td rowspan="5">北京巴威公司</td><td rowspan="5">B&W</td><td rowspan="3">B&WB1025/17.4-M</td><td>黔北电厂＃1、＃2 号炉</td><td>300</td><td>2</td></tr>
<tr><td>鸭溪电厂＃1、＃2 号炉</td><td>300</td><td>2</td></tr>
<tr><td>黔西电厂＃3、＃4 号炉</td><td>300</td><td>2</td></tr>
<tr><td>B&WB2058/25.4-M</td><td>黔西电厂＃5 号炉</td><td>660</td><td>1</td></tr>
<tr><td>B&WB1900/25.4-M</td><td>兴义电厂＃1、＃2 号炉</td><td>600</td><td>2</td></tr>
<tr><td rowspan="3">哈尔滨锅炉厂</td><td rowspan="3">MBEL</td><td rowspan="2">HG1025/17.3-WM18</td><td>纳雍二厂＃1～＃4 号炉</td><td>300</td><td>4</td></tr>
<tr><td>黔西电厂＃1、＃2 号炉</td><td>300</td><td>2</td></tr>
<tr><td>HG1900/25.4-WM10</td><td>塘寨电厂＃1、＃2 号炉</td><td>600</td><td>2</td></tr>
</table>

一、FW 公司 W 型火焰锅炉燃烧技术特点

(一) 下炉膛相对较矮、较宽、深度较小

根据 FW 公司技术资料介绍，FW 公司通过早期模化试验和模拟计算发现一次风并没有穿透到冷灰斗中，因而采用了较矮的下炉膛。在设计上要控制四类主要参数，即单个燃烧器热负荷、单位拱长度上的热负荷、下炉膛截面热负荷和容积热负荷[16]。当设计煤种和锅炉容量发生变化时，主要调整炉膛宽度。当燃料灰分很高、燃料着火性能很差时，就需要选择更宽的炉膛。此外锅炉容量越大，炉膛也应越宽[17]。

(二) 双旋风筒燃烧器与垂直方向夹角为 10°，浓淡分离，乏气风从拱上送入

如图 3.1 所示，该燃烧器从本质上说更接近直流燃烧器(通过消旋叶片可基本消除一次风的旋转)。根据 FW 公司技术资料介绍，采用圆形喷口的原因之一是圆形喷口刚性和穿透能力较好。FW 公司认为：采用旋流燃烧器或缝隙式燃烧器能够加强对上行高温烟气的卷吸，但同时会降低火焰下冲能力和行程。

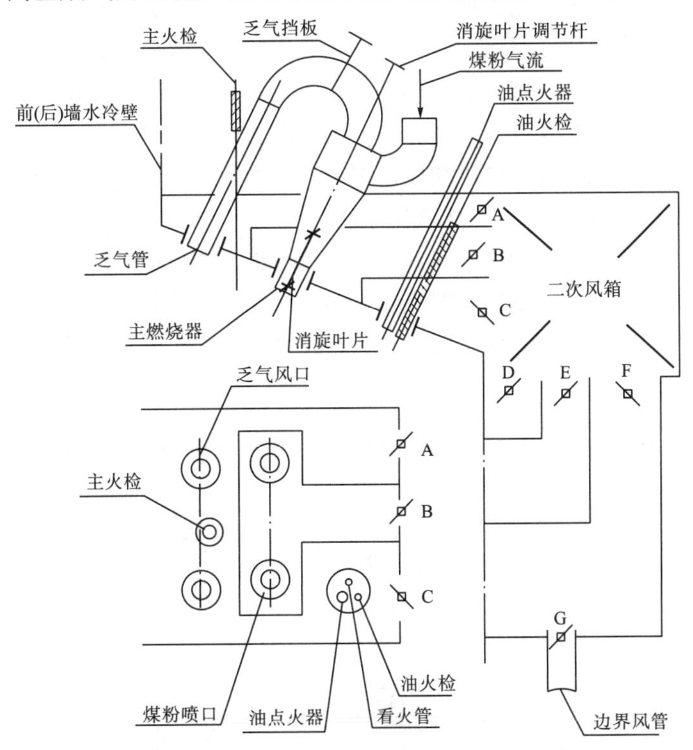

图 3.1　FW 公司 W 型火焰锅炉燃烧系统示意图

(三)二次风主要从远离一次喷口的拱下以水平方向送入下炉膛

如图 3.1 所示，对应每个燃烧器，拱上斜面和拱下垂直墙上分别有三个二次风门，从上到下分别为 A、B、C、D、E、F。约 70%的二次风由拱下送入，D、E、F 的风量呈阶梯状(设计风量比约为 15∶20∶65)，以 F 的风量为最大。此外，在翼墙、侧墙和冷灰斗交接处设置边界风以防止焦渣的堆积。

FW 认为，大部分二次风从拱下送入有助于促进上行高温烟气向一次风射流出口段的回流，而从拱上送入的二次风会减弱这种回流。此外，二次风远离一次喷口有利于避免一、二次风过早混合，从而有利于着火稳燃。

二、B&W 公司 W 型火焰锅炉燃烧技术特点

B&W 公司 W 型火焰锅炉最主要的技术特点是在拱上布置的燃烧器为叶片式旋流燃烧器，与直吹式和中间储仓式制粉系统均能匹配，根据不同的制粉系统可采用不同的旋流燃烧器，均能获得较高的一次风温和煤粉浓度，有利于低挥发分煤的着火和燃烧。在拱下布置有三次风(制粉乏气)和分级风喷口，形成一定的分级燃烧，既可降低氮氧化物排放，又可在炉膛下部增强煤粉的后期混合，有利于火焰下冲。B&W 公司 W 型火焰锅炉燃烧系统结构如图 3.2 所示。目前，B&W 公司流派拱上的燃烧器主要有两种：①EI-XCL 燃烧器。这种燃烧器一次风管道外设内、外两层二次风，通过调整二次风道内的叶片角度，可以改变二次风旋流强度。内层二次风用于引燃煤粉，外层二次风用于补充煤粉燃烧所需的空气。调风器采用一个可滑动的风筒来控制进入二次风区域的二次风量，从而调节进入内外区的风量比。一般与中间储仓式制粉系统相匹配。②PAX 燃烧器。PAX 燃烧器最具特色的是结构简单的内置式一次风换风装置，它巧妙地利用煤粉气流流经连接一次风管道及燃烧器的弯头所

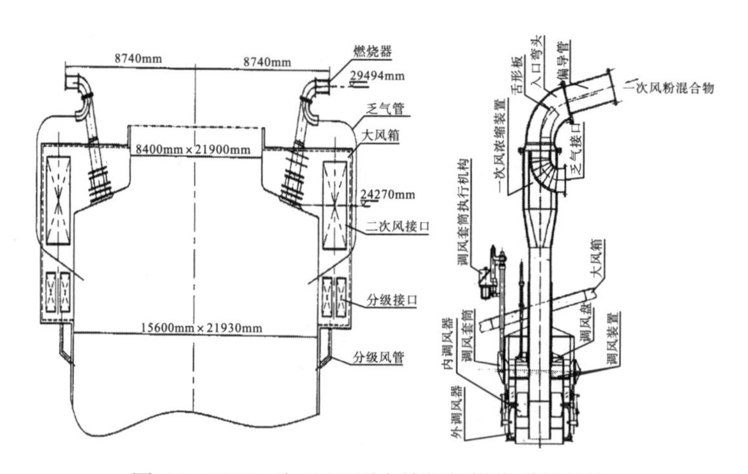

图 3.2　B&W 公司 W 型火焰锅炉燃烧系统结构

产生的离心力来达到分离目的。一次风粉气流进入燃烧器前的偏心弯头导管后，被分离出来的大部分煤粉随富粉气流向前流动，其余的细粉和 50%的原一次风经内侧乏气管抽出，从乏气风喷嘴送入炉内。同时，一股高温热空气引进分离器进入煤粉喷嘴，与富粉气流混合后直接进入燃烧器喷嘴。在燃烧器端部采用类似 EI-XCL 燃烧器的双调风结构来增强燃烧。这种燃烧器主要与中速磨直吹式制粉系统相匹配[18]。

三、MBEL 公司 W 型火焰锅炉燃烧技术特点

燃烧器将旋风分离式(旋风子)燃烧器和直流缝隙式燃烧器两者结合，既用旋风分离式燃烧器浓缩煤粉，又用直流缝隙式燃烧器将煤粉气流喷入炉膛。煤粉与空气混合物经过分配器后分成两路，各进入一个旋风分离式燃烧器。经离心分离，大约 50%的空气从煤粉气流中分离出来，其中只含有少量煤粉(约 10%)，并通过旋风分离式燃烧器上部的抽气管送至通风燃烧器(乏气燃烧器)，进入炉膛。大部分煤粉和剩余的一次风空气流从旋风分离式燃烧器下部流出，垂直向下流向直流缝隙式燃烧器(主燃烧器)喷嘴。这时，进入直流缝隙式燃烧器的风煤比提高到 0.5～0.75，一次风速度降低到 10m/s 左右。这样，含有少量一次风的高浓度煤粉被以较低的速度引到一次风喷嘴(位于两个互相平行的高速二次风喷嘴之间)，垂直向下喷射，同时两个高速的二次风也垂直喷射，并不对一次风进行干扰[19]。

直流缝隙式燃烧器结构和 W 型火焰锅炉燃烧系统示意图分别如图 3.3 和图 3.4 所示。

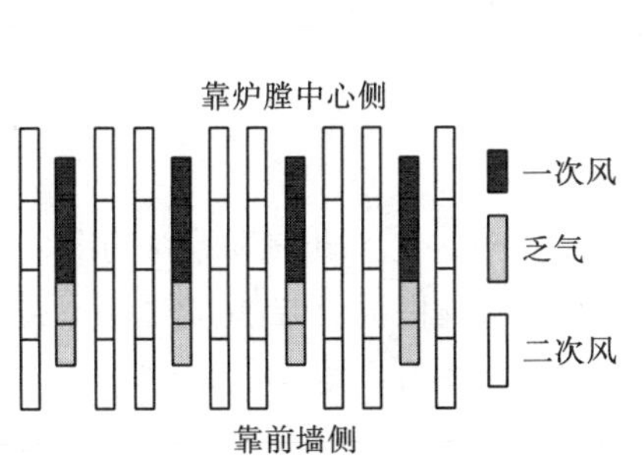

图 3.3　直流缝隙式燃烧器结构

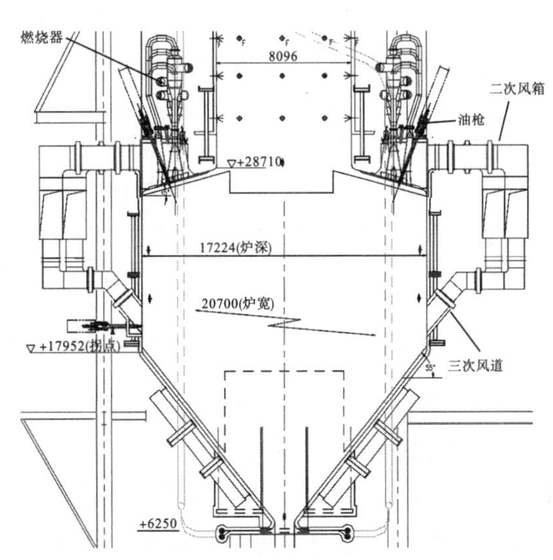

图 3.4　W 型火焰锅炉燃烧系统示意图

直流缝隙式燃烧器的基本结构为一、二次风相间布置，即两条二次风喷口夹一条一次风喷口。其中浓相煤粉(一次风)布置在高温的向火侧；淡相煤粉(乏气)布置在靠前后墙侧。这种燃烧器有以下特点：

将最少量的一次风空气与高浓度的煤粉一起送入炉膛，且速度较慢；在下部炉膛喷嘴出口处燃烧火炬的辐射传热以及炉墙、炉顶拱的辐射传热下，煤粉能迅速升温并达到燃煤着火温度，从而迅速着火和燃烧。

在煤粉与从炉膛周围送入助燃的三次风混合之前，煤粉还将一部分来自火炬的燃烧产物带回高温火炬中，重新燃烧。

在煤粉气流达到着火温度后，高速二次气流由于射流的扩展，逐渐与煤粉气流混合。二次风高速气流的引导，产生巨大冲力，使得火炬能够完全贯通下部炉膛，并在炉膛底部产生强烈扰动，然后才转弯180°向上流动，使此处的燃烧剧烈。

第二节　W型火焰锅炉存在的主要问题

作为研究对象的W型火焰锅炉运行基本正常，出力和低负荷调峰性能均能达到运行要求。但在长时间运行中不断暴露出各种问题，主要有以下几方面。

一、燃尽性能差

对于燃用低挥发分煤的W型火焰锅炉，燃尽性能差这一现象非常普遍。特别是在燃烧挥发分小于10%的无烟煤、煤粉变粗或燃烧含氧量稍低时，可燃物飞灰含量大幅升高[20]。贵州投产的前两台W型火焰锅炉，从调试开始就表现出燃尽性能很差的问题。调试及投产初期可燃物飞灰高达30%～40%，虽然通过W型火焰锅炉燃烧经济性调整研究[21]，可燃物飞灰降到10%～13%的水平，但问题本质仍未改变，只是程度有所减轻。其他厂W型火焰锅炉也有类似的问题。

造成燃尽性能差的主要原因可以归结为以下几点。

(一)燃烧系统、制粉系统和炉膛匹配不好

燃烧系统、制粉系统和炉膛匹配不好主要表现在：采用双进双出制粉系统的锅炉，额定负荷时煤粉较粗，由于燃烧系统阻力大，磨煤机无法提供富余出力；炉膛特性参数选取失当，炉膛偏小；燃烧器设计与拱上、拱下风匹配不好，造成动量失当。

(二)各煤粉管道风煤比偏差较大

双进双出钢球磨煤机风粉分配较直吹式中速磨煤机好，但粉量偏差达±20%，风煤比偏差达±25%，远超过《火力发电厂煤粉制备系统设计和计算方法》中所

规定的8%和10%。虽然可以通过加装均流装置和煤粉分配器改善这一状况，但由于燃烧系统阻力大，磨煤机通常无法为这些装置提供富余出力[22]。

(三)燃烧后期混合差

由于沿炉宽方向前后墙各组燃烧器燃烧相互独立，烟气沿炉宽方向混合性能很差。若各煤粉管风粉不均，则由此造成的燃烧偏差在后期燃烧中将不会得到弥补，炉内会有相当部分是在缺氧情况下进行燃烧的。根据运行经验，炉膛中部的含氧量要比两侧低1个百分点以上。

二、燃烧稳定性差

当W型火焰锅炉高负荷运行时，若含氧量较高(V_{O_2}>2%)，则将普遍出现火检信号闪烁、信号强度下降和燃烧恶化等情况，所以机组高负荷运行时必须低氧运行(V_{O_2}<1%)[23]。

根据FW的W型火焰锅炉的燃烧器布置方式，淡煤粉气流布置于靠近炉膛中心侧，浓煤粉气流布置于靠近炉壁侧。这样的布置方式可以使淡煤粉气流将浓煤粉气流和炉膛中心区的高温回流烟气隔离开，但不利于浓煤粉气流内煤粉颗粒的初期着火和燃烧。此外，根据检测，W型火焰锅炉内的火焰中心处于拱上位置，拱下烟气温度较低，对一次煤粉的加热作用有限，也不利于稳燃。

三、炉壁结渣

为保证锅炉燃烧稳定性，炉膛中敷设大量卫燃带，以提高炉膛温度，保证稳定燃烧。卫燃带分布在炉膛前墙、后墙、侧墙和翼墙上，其中侧墙和翼墙上整体敷设卫燃带。在运行中，水冷壁附近的气体成分由于低挥发分煤燃烧困难而产生不完全燃烧和火焰拖长，形成还原性气氛。受热面附近的烟气处于还原性气氛中，导致灰熔点下降和灰沉积过程加快，更容易被卫燃带捕捉，加速受热面结渣[24]。前墙、后墙卫燃带上由于喷口的存在，结渣较轻，侧墙和翼墙卫燃带的结渣较为严重。结渣会使W型火焰锅炉的排烟损失增加，热效率降低，甚至引起过热器、水冷壁超温、爆管。有时渣层厚度超过500mm，渣层较为坚硬，会将冷灰斗砸漏，或是将冷灰斗封死，引起捞渣机故障，严重影响锅炉安全运行。

四、氮氧化物排放量高

W型火焰锅炉为了满足低挥发分煤种的着火、稳燃及燃尽需要，采取了一些强化着火和燃尽的措施，如在炉膛内敷设大面积卫燃带，火焰中心温度往往在1500～1700℃。这与抑制NO_x生成所采取的诸如降低炉内燃烧温度、缩短燃烧气体在高温区停留时间等措施相矛盾，导致比常规燃烧方式更高的NO_x排放量。另外，W型火焰锅炉普遍存在着火延迟的情况，剧烈燃烧发生在和二次风大量混合的区域，形成高温氧化性气氛，极易导致NO_x的生成。与其他形式的锅炉相比，W型火焰锅炉的NO_x排放量明显要高出许多[25]。

除了以上几方面共性问题之外，部分锅炉还存在煤种适应性不强、燃烧系统阻力大、燃烧器磨损、过热器超温、减温水量大等问题。

第三节 技术路线与研究内容

针对前述问题，需要研究低挥发分无烟煤在高海拔地区燃烧反应动力特性、煤粉在平面火焰携带流下的着火延迟特性，以及煤的着火温度；结合研究数据，针对三种技术流派的炉型分别建立二维和三维炉膛模型，对燃煤锅炉进行二维和三维的冷态及热态数值模拟计算[26]，对炉内流动情况、烟气混合情况、燃烧情况、颗粒轨迹和对流及辐射传热情况进行数值模拟研究，探索优化的炉内配风方式及锅炉技术改进方向；对三种形式的W型火焰锅炉开展大量现场试验。根据这些研究，本书总结了一种以有限空间射流动量矩守恒为基础的，各W型火焰锅炉通用的稳燃、燃尽理论准则，明确了W型火焰锅炉燃烧优化的关键，是在保证一次风火焰充分下冲的同时，避免大量拱上二次风对一次风着火的不良影响这一基本原则，进而制定了不同流派的W型火焰锅炉运行中的燃烧调整方案和措施，实施了部分FW炉及MBEL炉缝隙式燃烧系统改造。

第四节 低挥发分煤燃烧特性的实验室研究

一、高海拔条件下煤粉燃烧特性的热重试验研究及计算

利用热重分析仪及低压试验系统，对试点火力发电厂燃用的七种煤选取3个压力进行低压下的热重试验，求取燃烧特性参数，包括煤粉的着火温度及着火时间、燃尽温度、煤粉最大燃烧反应速度所对应的温度，并计算出活化能和指前因子，研究其变化规律，从而更好地揭示煤粉在低压下的燃烧特性[27]。热重分析高海拔条件下模拟试验工况（煤种与气压条件）如表3.2所示，热重分析高海拔条件下模拟试验参数如表3.3所示，煤的燃烧特性参数汇总于表3.4。

表 3.2 热重分析高海拔条件下模拟试验工况(煤种与气压条件)

工况编号	煤种	海拔/m	气压/kPa
1	安顺煤	0	101.3
2	安顺煤	1000	89.86
3	安顺煤	2000	79.48
4	大方煤	0	101.3
5	大方煤	1000	89.86
6	大方煤	2000	79.48
7	纳雍煤	0	101.3
8	纳雍煤	1000	89.86
9	纳雍煤	2000	79.48
10	黔北煤	0	101.3
11	黔北煤	1000	89.86
12	黔北煤	2000	79.48
13	兴义煤	0	101.3
14	兴义煤	1000	89.86
15	兴义煤	2000	79.48
16	鸭溪煤 1	0	101.3
17	鸭溪煤 1	1000	89.86
18	鸭溪煤 1	2000	79.48
19	鸭溪煤 2	0	101.3
20	鸭溪煤 2	1000	89.86
21	鸭溪煤 2	2000	79.48

表 3.3 热重分析高海拔条件下模拟试验参数

试验条件	试验参数
通入气氛	空气
气体流量	0.1L/min
升温速率	20℃/min
压力	101.3kPa、89.86kPa、79.48kPa

表 3.4 煤的燃烧特性参数

工况编号	煤种	海拔/m	着火温度 θ_i/℃	最大燃烧度对应温度 θ_{max}/℃	燃尽温度 θ_h/℃
1	安顺煤	0	530.4	585.0	633.0
2	安顺煤	1000	551.6	620.2	680.0
3	安顺煤	2000	558.3	629.8	694.3
4	大方煤	0	533.0	585.9	633.4
5	大方煤	1000	550.2	611.3	664.5
6	大方煤	2000	559.0	627.2	687.0
7	纳雍煤	0	525.8	584.2	633.4
8	纳雍煤	1000	529.1	589.6	641.3
9	纳雍煤	2000	554.5	627.6	690.2
10	黔北煤	0	538.2	588.9	632.8
11	黔北煤	1000	544.3	597.7	642.8
12	黔北煤	2000	567.2	632.0	688.6
13	兴义煤	0	523.9	580.9	631.0
14	兴义煤	1000	530.1	588.8	639.3
15	兴义煤	2000	551.5	625.3	688.9
16	鸭溪煤 1	0	522.3	580.5	629.0
17	鸭溪煤 1	1000	545.1	616.3	676.9
18	鸭溪煤 1	2000	550.2	624.2	685.3
19	鸭溪煤 2	0	525.8	580.7	626.6
20	鸭溪煤 2	1000	549.5	615.2	669.9
21	鸭溪煤 2	2000	556.0	628.1	687.5

煤粉燃烧反应动力学参数是研究煤燃烧特性的必要数据。活化能是重要的反应动力学指标。只有碰撞能量足以破坏现存化学键并建立新的化学键的碰撞才是有效碰撞。为使某一化学反应得以进行所需的最低能量称为活化能，以 E 表示。能量达到或超过活化能 E 的分子称为活化分子。活化分子的碰撞才是有效碰撞。在一定温度下，活化能越大，产生反应的有效碰撞越少，反应速度越快；反之，活化能越小，反应速度越慢。活化能的大小决定了氧化反应的速度[28]。

热重分析是研究煤粉化学反应特性的重要方法，根据质量作用定律，反应动力学方程如下[27]：

$$\mathrm{d}\alpha / \mathrm{d}t = k(1-\alpha)^n \tag{3.1}$$

Arrhenius 定律：

$$k = A\mathrm{e}^{-\frac{E}{R\theta}} \tag{3.2}$$

升温速率：

$$\beta = \frac{\mathrm{d}\theta}{\mathrm{d}t} \tag{3.3}$$

试验煤样的反应转化率可由 TG 曲线求得

$$\alpha = \frac{m_0 - m}{m_0 - m_\infty} \tag{3.4}$$

式中，m_0 和 m_∞ 分别是煤样的初始质量和最终质量；m 是 t 时刻煤样的质量；E 为活化能；A 为指前因子；R=8.314J/(mol·K)，是通用气体常数。由前面几式可得

$$\frac{\mathrm{d}\alpha}{\mathrm{d}\theta} = \frac{A}{\beta}\mathrm{e}^{-\frac{E}{R\theta}}(1-\alpha)^n \tag{3.5}$$

对于煤的燃烧机理，已有很多学者做过试验研究[29]。为了计算方便，Cumming[30]将燃烧反应描述为一级反应，在处理过程中他发现：拟合相关性很好，一级反应适合于本试验煤样的燃烧反应。煤样的燃烧动力学方程式可写为[31]

$$\frac{\mathrm{d}\alpha}{\mathrm{d}\theta} = \frac{A}{\beta}\mathrm{e}^{-\frac{E}{R\theta}}(1-\alpha) \tag{3.6}$$

用 Coats-Redfern 方法积分得

$$\ln\left[\frac{-\ln(1-\alpha)}{\theta^2}\right] = \ln\left(\frac{AR}{\beta E}\right) - \frac{E}{R\theta} \tag{3.7}$$

令 $\ln\left[\frac{-\ln(1-\alpha)}{\theta^2}\right] = Y$，$X = \frac{1}{\theta}$，$a = \ln\left(\frac{AR}{\beta E}\right)$，$b = -\frac{E}{R}$，则得

$$Y = a + bX \tag{3.8}$$

由式(3.8)求出的活化能 E 和指前因子 A 列于表 3.5。

表 3.5 煤的反应动力学参数

工况编号	煤种	海拔/m	活化能 E/(kJ/mol)	指前因子 A/s^{-1}
1	安顺煤	0	99.92	1.995×10^3
2	安顺煤	1000	118.2	2.637×10^4
3	安顺煤	2000	147.1	3.307×10^6
4	大方煤	0	105.73	5.016
5	大方煤	1000	121.387	4.8×10^4
6	大方煤	2000	153.858	8.632×10^6
7	纳雍煤	0	107.46	9.016×10^3
8	纳雍煤	1000	109.86	1.413×10^4
9	纳雍煤	2000	116.6	1.96×10^4
10	黔北煤	0	87.45	342.7
11	黔北煤	1000	109.2	9.765×10^3
12	黔北煤	2000	137.49	5.05×10^5
13	兴义煤	0	93.41	1.176×10^3
14	兴义煤	1000	97.87	1.817×10^3
15	兴义煤	2000	120.49	2.73×10^4
16	鸭溪煤 1	0	93.37	780.2
17	鸭溪煤 1	1000	102.82	3.776×10^3
18	鸭溪煤 1	2000	110.72	1.54×10^4

续表

工况编号	煤种	海拔/m	活化能 E/(kJ/mol)	指前因子 A/s^{-1}
19	鸭溪煤 2	0	93.37	780.2
20	鸭溪煤 2	1000	102.63	3.25×10^{3}
21	鸭溪煤 2	2000	110.11	7.60×10^{3}

通过对试验结果的分析计算，得到如下结论：

(1)低压下的着火温度明显高于常压下的着火温度，这表明低压环境抑制了煤粉燃烧的反应速度，推高了着火温度，延长了着火时间。

(2)不同压力下煤的燃尽温度随着压力的下降而相应提高，压力越低，煤粉燃尽温度越高。

(3)低压下煤粉最大燃烧反应速度所对应的温度明显高于常压下煤粉最大燃烧反应速度所对应的温度，说明煤粉在常压下燃烧较低压下燃烧要好。

同种煤样在不同压力下活化能表现出一定的规律性，低压使煤粉燃烧的活性下降，增加氧扩散到煤焦孔径的阻力，加大燃烧反应的难度。七种试验煤样在常压下的活化能明显低于低压下的活化能，海拔越高，活化能越高。

二、平面火焰携带流反应系统试验(煤粉的着火延迟试验)

燃烧器设计中最关心的一个问题是火焰的稳定性，对应的问题即煤粉在高温环境下脱挥发分和着火需要多长时间，即着火延迟时间。这个问题通过稳态时间无法得到解决。本测试内容为采用自行搭建的平面火焰携带流反应系统配合高速相机对煤粉燃烧过程展开直接观察研究[32]。通过对煤粉瞬时图像的处理获取煤粉着火延迟时间。试验结果详见表 3.6。

表 3.6 七种低挥发分煤的着火延迟时间

煤种	不同煤粉细度下的着火延迟时间/ms		不同煤粉细度下着火延迟时间的差值 Δt
	煤粉细度 74～97μm	煤粉细度 105～125μm	
鸭溪煤 1	16	16.3	0.3
鸭溪煤 2	18.4	19.2	0.8
兴义煤	14.4	15.7	1.3
黔北煤	16.7	17	0.3
纳雍煤	17.6	18.7	1.1
大方煤	13	16.9	3.9
安顺煤	15.5	19.2	3.7

由表 3.6 所示的详细着火信息可以发现，虽然都是低挥发分煤，但是随着煤种和粒径不同，着火延迟时间仍然存在一定差异。当粒径达到 105～125μm 时，

着火延迟时间均处在 15～20ms，明显高于烟煤的着火延迟时间(10ms 左右)。

三、金属丝网反应器试验(煤的着火温度测试试验)

金属丝网反应器可广泛应用于煤、生物质等固体燃料的热解、气化及燃烧方面的基础研究。对前述七种低挥发分煤，利用金属丝网反应器开展着火行为研究，试验结果如图 3.5 所示。

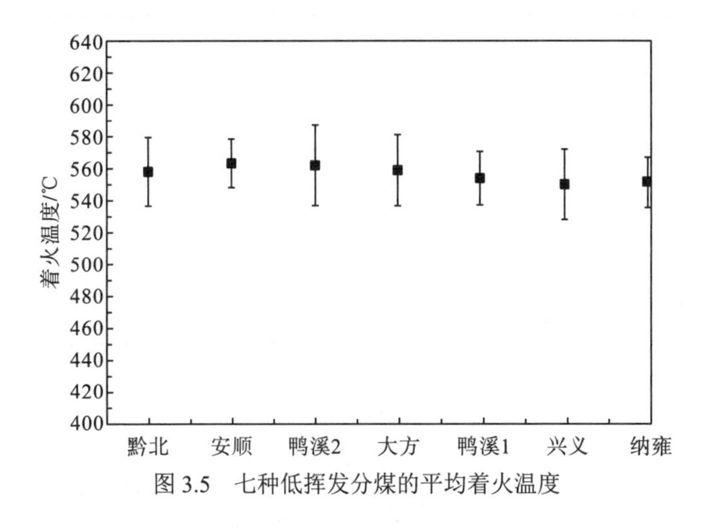

图 3.5　七种低挥发分煤的平均着火温度

从测试结果可以发现，七种低挥发分煤着火温度在 560℃左右，比典型烟煤的 450℃左右高出 110℃。

第五节　低挥发分煤 W 型火焰锅炉燃烧数值模拟研究

一、数学模型及计算方法

完整的煤粉炉内燃烧过程数值模型应至少包括以下子过程：气体湍流、颗粒运动、挥发分释放、燃烧、焦炭燃烧、辐射传热等。

(一) 气体湍流模型

锅炉炉内的气体流动为三维湍流反应流[33]，其平均流可视为稳态流，因此可用通常的守恒方程进行描述。对于湍流，则采用标准的 k-ε 湍流模型。气体流动模型包括三维连续性方程、动量方程及 k 和 ε 的两个输运方程，可统一表达为以下形式[34]：

$$\frac{\partial}{\partial x_i}(\rho u_i \Phi) = \frac{\partial}{\partial x_i}\left(\Gamma_\Phi \frac{\partial \Phi}{\partial x_i}\right) + S_\Phi + S_{P\Phi} \tag{3.9}$$

式中，Φ 代表所有的气相变量，如速度的三个分量 u、v、w，压力 P，湍流动能 k 及其耗散率 ε，混合分数 f 及其脉动均方值 g 和比焓 h 等。气体的源项或汇项为 S_Φ，而 $S_{P\Phi}$ 是由固体颗粒引起的源项。气相守恒方程中的源项及扩散系数见表 3.7。

表 3.7 气相守恒方程中的源项及扩散系数

Φ	Γ_Φ	S_Φ	$S_{P\Phi}$
1	0	0	$-\mathrm{d}M_\mathrm{P}/\mathrm{d}t$
U_i	μ_t	S_{ui}	$-\mathrm{d}(M_\mathrm{PuiP})/\mathrm{d}t$
k	μ_t/σ_k	$G_k-\rho\varepsilon$	0
ε	$\mu_\mathrm{t}/\sigma_\varepsilon$	$(C_1G_k-C_2\rho\varepsilon)\varepsilon/k$	0
f	μ_t/σ_f	0	$-\mathrm{d}M_\mathrm{P}/\mathrm{d}t$
h	μ_t/σ_h	$-Q_R$	$-\mathrm{d}(M_\mathrm{PhP})/\mathrm{d}t$
g	μ_t/σ_g	$C_{g_1}\mu_\mathrm{t}\left[(\partial f/\partial x)^2+(\partial f/\partial y)^2+(\partial f/\partial z)^2\right]-C_{g_2}\rho\varepsilon g/k$	0

表 3.7 中：

$$G_k = \mu_\mathrm{t}\left\{2\left[\left(\frac{\partial u_i}{\partial x_i}\right)^2+\left(\frac{\partial u_j}{\partial x_j}\right)^2+\left(\frac{\partial u_k}{\partial x_k}\right)^2\right]+\left(\frac{\partial u_i}{\partial x_j}+\frac{\partial u_j}{\partial x_i}\right)^2 + \left(\frac{\partial u_j}{\partial x_k}+\frac{\partial u_k}{\partial x_j}\right)^2+\left(\frac{\partial u_k}{\partial x_i}+\frac{\partial u_i}{\partial x_k}\right)^2\right\}$$

$$g_k = -9.81\mathrm{m/s^2}; \quad g_{ij} = 0$$

$$S_{ui} = \frac{\partial}{\partial x_i}\left|\mu_\mathrm{t}\frac{\partial u_i}{\partial x_i}\right| + \frac{\partial}{\partial x_j}\left|\mu_\mathrm{t}\frac{\partial u_j}{\partial x_i}\right| + \frac{\partial}{\partial x_k}\left|\mu_\mathrm{t}\frac{\partial u_k}{\partial x_i}\right| - \frac{\mathrm{d}P}{\mathrm{d}x_i} + \rho g_i$$

变量 Φ 的通用守恒方程都由三项组成，即对流项、扩散项和源项。动量方程的源项 S_Φ 中包括体积力，在速度 w 的动量方程中还包括重力项。为了保证计算稳定，动量方程的源项中还包含附加的应力项。k 和 ε 方程的源项 S_Φ 则只包含湍流产生项。

$S_{P\Phi}$ 是由气相场中存在的固体颗粒而产生的源项。对连续性方程而言，该项是颗粒的质量变化项，对动量方程而言，则是由颗粒和气体之间的相互阻力及颗粒的热解挥发而引起的动量源项。k 和 ε 的方程中则忽略这一源项。

湍流黏性系数 μ_t 由 k-ε 湍流模型通过有效黏性系数来计算，即

$$\mu_t = \mu_{eff} + \mu_l = \frac{C_\mu \rho k^2}{\varepsilon} + \mu_l \tag{3.10}$$

式中，μ_l是层流黏性系数，μ_{eff}是有效黏性系数。而标量输运方程中出现的湍流扩散系数 Γ_Φ则等于湍流黏性系数 μ_t 除一个常数，即湍流 Prandtl-Schmidt 数。这些系数的具体值示于表 3.8 中。如果气流场中的密度和黏性系数已知，那么在合适的边界条件下就可以求解方程组并得出气体的速度分布。而在计算炉内的燃烧过程时，流动方程和化学反应方程间的耦合则通过密度和黏性系数进行求解。

表 3.8　湍流模型中使用的常数

常数	C_μ	C_1	C_2	σ_k	σ_ε	σ_f	σ_g	σ_h	C_{g_1}	C_{g_2}
取值	0.09	1.44	1.92	0.90	1.22	0.70	0.90	0.70	2.80	1.92

（二）颗粒运动模型

颗粒运动的计算运用拉格朗日方法，已知气体的流场，就可以按时间积分求出各个颗粒的运动轨迹[35]。

颗粒的瞬态运动方程如下：

$$\frac{du_{pi}}{dt} = g_i + \frac{1}{\tau_{rp}}(u_i - u_{pi}) \tag{3.11}$$

考虑气流脉动对颗粒运动的影响，将气相速度 u_i 分解为平均速度和脉动速度之和，即$u_i = \overline{u}_1 + u_i'$，则颗粒运动方程变为

$$\frac{du_{pi}}{dt} = g_i + \frac{1}{\tau_{rp}}(\overline{u}_1 + u_i' - u_{pi}) \tag{3.12a}$$

设流体湍流为各向同性和局部均匀的，并认为速度脉动符合高斯概率分布，则当颗粒穿过某一湍流涡团时，可对三个脉动速度分量进行随机取样，即

$$u' = 2kF\sin\alpha\sin\theta \tag{3.12b}$$

$$v' = 2kF\sin\alpha\cos\theta \tag{3.12c}$$

$$w' = 2kF\cos\alpha \tag{3.12d}$$

式中，F 是位于 0～1 的一个随机数，符合高斯概率分布，且标准方差为$(2k/3)^{0.5}$；α 和 θ 是随机选取的角度值，且 $0<\theta\leqslant 2\pi$，$0<\alpha\leqslant\pi$；k 是湍流动能，即

$$k = \frac{1}{2}(u'^2 + v'^2 + w'^2)^{0.5} \tag{3.13}$$

把随机选定的脉动速度值u_i'代入式(3.13)中，可求出颗粒速度 u_{pi}，进而可计算颗粒随机轨道：

$$x_i = \int u_{pi}dt \tag{3.14}$$

对颗粒运动方程的积分在一个时间步长上完成，该时间步长取为湍流涡团生存时间和颗粒通过涡团的特征时间中较小的一个。当估计这些时间时，首先假定涡团的特征尺度为

$$L_e = C_\mu^{0.75} k^{1.5} / \varepsilon \tag{3.15}$$

湍流涡团生存时间为

$$t_e = L_e / (2k/3)^{0.5} \tag{3.16}$$

则积分时间步长(颗粒和涡团的相互作用时间)为

$$\Delta t = \min(L_e / u_{pi}, t_e) \tag{3.17}$$

即取湍流涡团生存时间和颗粒通过涡团的特征时间中的较小值。

(三)挥发分释放、燃烧及焦炭燃烧模型

当煤粉进入炉膛加热时，首先释放出煤粉中所含的 H_2O。随着温度升高，逐渐释放出诸如 CO、CO_2、H_2 等挥发分气体。煤的热解程度是不同的，从百分之几到 70%或 80%不等。热解时间从几毫秒到几分钟。热解速率与挥发分气体释放量、煤粉颗粒尺寸、煤种及升温曲线有关[36]。

由于燃烧过程的复杂性，要准确模化非常困难，任何模型都是一定程度上的近似[37]。本书采用双平行反应模型来模拟煤的热解过程。

该模型认为煤的热解是一对平行的一阶不可逆化学反应：

$$(\text{原煤}) \xrightarrow{k_1} (1-Y_1)(\text{煤焦}) + Y_1(\text{挥发分}) \tag{3.18a}$$

$$(\text{原煤}) \xrightarrow{k_2} (1-Y_2)(\text{煤焦}) + Y_2(\text{挥发分}) \tag{3.18b}$$

式中，反应速率常数 k_1 和 k_2 由 Arrhenius 方程给定：

$$k_1 = A_1 e^{\frac{-E_1}{RT_{av}}} \tag{3.19a}$$

$$k_2 = A_2 e^{\frac{-E_2}{RT_{av}}} \tag{3.19b}$$

因此，这一模型包含 6 个经验常数 Y_1、Y_2、E_1、E_2、A_1 和 A_2。该模型的一个重要特征就是 $E_1 < E_2$，从而使反应式(3.19a)在较低温度下起主导作用，而反应式(3.19b)在较高温度下起主导作用。这两个反应相互竞争，反应式(3.19a)慢而反应式(3.19b)快，对于单位质量原煤，假设挥发分的产生率 Y_1 为挥发分的工业分析，Y_2 等于 $2Y_1$。

相应于这一模型，挥发分的生成速率为

$$\frac{dY_v}{dt} = \frac{dY_{v_1} + dY_{v_2}}{dt} = k_1 Y_1 + k_2 Y_2 \tag{3.20}$$

式中，Y_v 是原煤中挥发分的质量分数。

用混合分数模型描述气相混合燃烧。在气相混合燃烧中，化学反应速率较气

体扩散速率快得多，气相混合燃烧受到气体扩散的控制。假定化学反应是瞬时完成的，则燃气的混合分数在空气区域内为零，在化学反应区域内为当量混合分数。气相混合燃烧的化学反应一步完成，形成 CO_2 和 H_2O。忽略其他气相的微量产物，不会导致气体温度和密度的较大偏差。

考虑煤焦的化学反应式为

$$C + \frac{1}{2}O_2 \longrightarrow CO \tag{3.21a}$$

$$CO + \frac{1}{2}O_2 \longrightarrow CO_2 \tag{3.21b}$$

$$C + O_2 \longrightarrow CO_2 \tag{3.21c}$$

煤焦燃烧速率为

$$\frac{dM_P}{dt} = \pi k_t P d_p^2 V_{ox} \tag{3.22}$$

式中，P 是气体压力；d_p 是颗粒直径；V_{ox} 是颗粒周围氧的体积分数。因煤焦的燃烧速率同时受到化学动力和氧扩散条件的限制，总的反应速率系数 k_t 包含化学反应速率系数 k_{ch} 和扩散系数 k_{ph}。

$$k_t = \frac{k_{ch} \times k_{ph}}{k_{ch} + k_{ph}} \tag{3.23}$$

因此，k_t 由 k_{ch} 和 k_{ph} 中的小值决定。化学反应速率系数 k_{ch} 表征颗粒表面的反应速率，表示为 Arrhenius 形式：

$$k_{ch} = A_c e^{\frac{-E_c}{R\theta_p}} \tag{3.24}$$

式中，R=8.314J/(mol • k)，为通用气体常数；指前因子 A_c 和活化能 E_c 依煤种不同而变化。扩散系数 k_{ph} 表示氧扩散到颗粒表面的速率。

假设煤焦燃烧时，颗粒直径不变，而密度减小。由于燃烧是一个剧烈的放热反应，颗粒的加热过程十分复杂。假定挥发分燃烧放热用于加热颗粒周围的气体，煤焦燃烧放热则按分配系数，一部分加热周围气体，一部分加热颗粒，则颗粒吸收的能量有气相导热、辐射传热和颗粒相反应对自身的加热。颗粒的能量平衡方程可写为

$$\frac{d}{dt}(m_p h_p) = h_p \frac{dm_p}{dt} + Q_{pc} + Q_{pr} + Q_{pb} \tag{3.25}$$

式中，Q_{pc} 是颗粒与气体间的对流换热；Q_{pr} 是颗粒与气相之间的辐射传热，此处可以忽略；Q_{pb} 是煤焦燃烧传给颗粒的热量。

颗粒与气体间的对流换热 Q_{pc} 为

$$Q_{pc} = N_u \pi k_g (\theta - \theta_p) d_p \tag{3.26}$$

假定颗粒与气体的滑移速度很小，则 N_u=2。

气体导热系数 k_g 是气体与颗粒之间温度的函数：

$$k_{\mathrm{g}} = a + b\left[0.5(\theta_{\mathrm{g}} + \theta_{\mathrm{p}}) - 273.15\right] \tag{3.27}$$

假定碳燃烧过程是碳与氧发生化学反应生成 CO，CO 通过扩散再进行氧化生成 CO_2。与气相燃烧不同的是，在煤焦的燃烧过程中，部分释热量直接传给了颗粒，即有 X_q 的份额直接传给了颗粒。

$$Q_{\mathrm{pb}} = X_{\mathrm{q}} \times q_{\mathrm{c}} \frac{\mathrm{d}m_{\mathrm{p}}}{\mathrm{d}t} \tag{3.28}$$

式(3.28)代表颗粒燃烧释放出的热传给颗粒自身的部分，计算中 X_q 取 0.3～0.5。

（四）辐射传热模型

使用 Lockwood 和 Shah[36]提出的离散传播法(discrete transfer method)计算辐射传热。这个方法以热通量为基础，兼具区域法、Monte-Carlo 法的优点，具有较高的计算效率，并能够得到很好的结果。其主要思想是：考虑边界网格面为辐射的吸收源和发射源，将边界网格上向半球空间发射的辐射能离散成有限的条状能束，这些条状能束穿过内部网格被介质吸收和散射后，到达另外的边界面，在各边界网格面上辐射能达到平衡。

考虑网格内介质的温度 θ、气体对辐射能束的吸收和发射，以及颗粒对辐射能束的吸收、发射和各向同性散射，辐射能束通过一个网格时的强度变化为

$$\frac{\mathrm{d}I}{\mathrm{d}t} = -(K_{\mathrm{a}} + K_{\mathrm{p}} + K_{\mathrm{s}})I + \frac{\sigma}{\pi}(K_{\mathrm{a}}\theta^4 + K_{\mathrm{p}}\theta_{\mathrm{p}}^4) + \frac{K_{\mathrm{s}}}{4\pi}\int_0^{4\pi} I\mathrm{d}\Omega \tag{3.29}$$

式中，K_a 是气体的吸收系数；K_p 是颗粒的吸收系数；K_s 是颗粒的散射系数；最后一项代表从其他方向散射进入的能束对辐射强度的贡献。

任何一个网格的净吸收或发射能量 Q_r 是所有光束通过这个网格后光强的变化总和。

气体的吸收系数 K_a 按式(3.30)计算：

$$K_{\mathrm{a}} = 0.28\mathrm{e}^{-\theta/1135} \tag{3.30}$$

颗粒的吸收系数、散射系数被认为是各向同性的，按照试验测得的碳和灰的光学常数，采用煤燃烧国家重点实验室提出的单颗粒辐射特性模型，根据网格内颗粒直径、燃尽度、温度和颗粒浓度等参数计算得到粒子云的吸收系数和散射系数。该方法能够真实地给出炉内弥散介质辐射特性的空间不均匀分布。

（五）数值计算方法

对上述通用气相方程组，可采用 Spalding[38]、Patankar[39]建立起来的数值方法进行计算，其中计算区域的离散化采用正交非均匀交错网格，使用控制容积法推导差分方程，差分方程的求解采用压力-速度校正的 SIMPLER 方法。颗粒相的计

算采用拉氏方法，气相-颗粒相间的耦合采用 PSIC 算法实现。

(六) 计算流程

数值模拟计算程序主要分为以下两部分[40]：

(1) Eulerian 计算，包括气相的 u、v、w、k、P、h、f、g 及辐射传热的计算。

(2) Lagrangian 计算，包括煤粉颗粒的轨道、温度及燃烧过程的计算。

要使计算能快速和稳定地收敛，必须合理安排各子程序的计算顺序及计算次数。三维流动、传热和燃烧模拟程序的计算流程如图 3.6 所示。

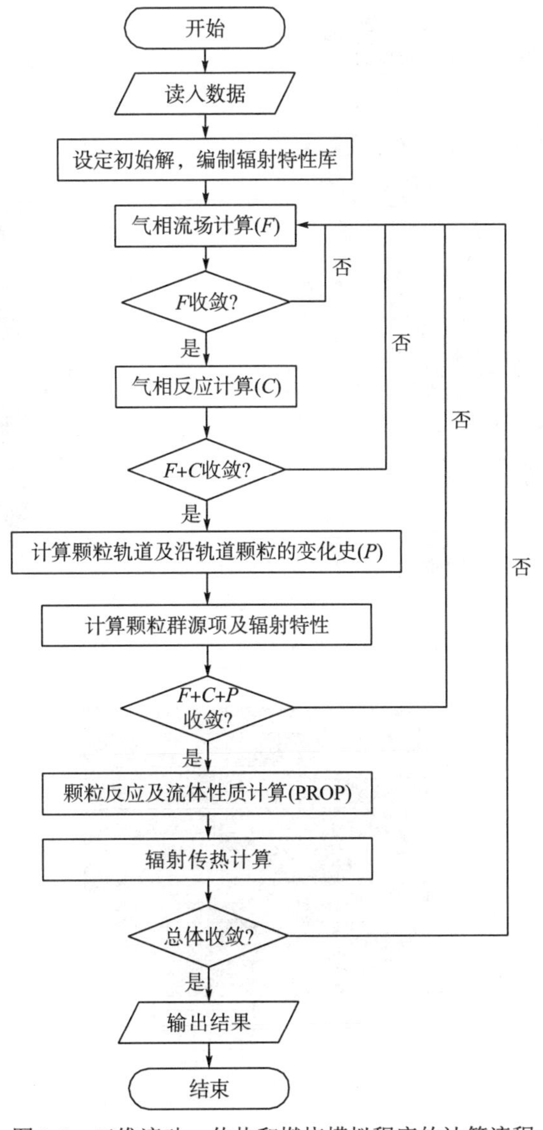

图 3.6　三维流动、传热和燃烧模拟程序的计算流程

二、FW 公司 W 型火焰锅炉炉内燃烧过程的数值模拟

(一)几何建模及网格划分

对试点火力发电厂 FW 公司 W 型火焰锅炉燃烧进行数值模拟，根据锅炉实际尺寸、部件位置及相应喷口的形状，建立该锅炉几何模型示意图如图 3.7 所示，网格划分见图 3.8 和图 3.9。

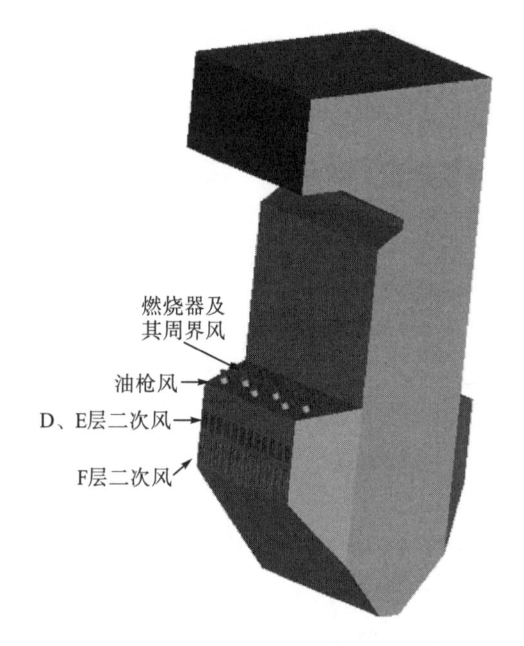

图 3.7 W 型火焰锅炉几何模型示意图

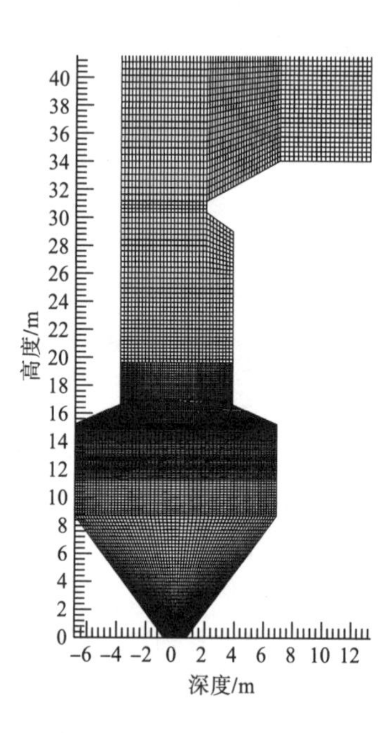

图 3.8 炉膛总体网格划分

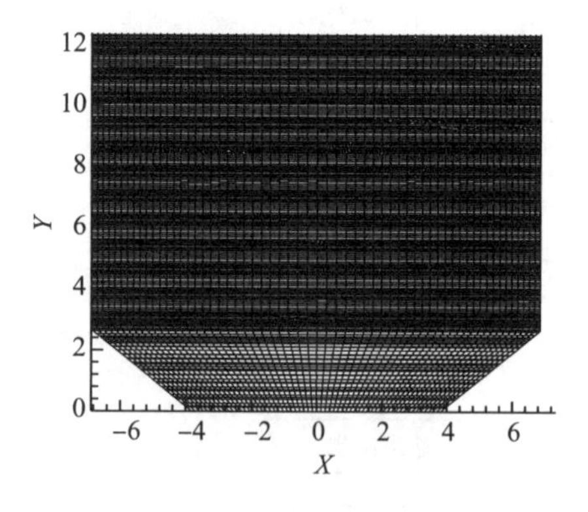

图 3.9 下炉膛网格划分

(二)模拟工况

F 层二次风下倾角度对向下动量与水平动量比有重要影响[41]，如表 3.9 所示。F 层二次风下倾角度太小，对炉内燃烧影响小，效果有限，下倾角度太大，动量比增加过大，破坏了炉膛基本流场结构，使得一次风会直接冲击冷灰斗，危害锅炉的安全运行。因此，需要对 F 层二次风的下倾角度进行数值模拟优化研究，提供最佳的下倾角度，为现场改造提供指导。数值模拟针对锅炉满负荷条件进行，主要计算 F 层二次风不同下倾角度对炉内燃烧的影响。

表 3.9　F 层二次风下倾角度对动量比的影响

项目	0°	15°	25°	35°
气流向下动量/［(kg・m)/s］	1965.98	2552.46	2986.62	3498.57
总(气流+煤粉)向下动量/［(kg・m)/s］	2781.84	3368.31	3802.47	4314.43
水平动量/［(kg・m)/s］	2751.87	2751.87	2751.87	2751.87
气流向下/水平动量比	0.7334	0.9522	1.1142	1.3052
气流向下/水平动量比变化率/%	0	29.83	51.92	77.97
总向下/水平动量比	1.011	1.224	1.382	1.567
总向下/水平动量比变化率/%	0	21.07	36.7	55

注：变化率为相对 F 层二次风水平(即 0°)时的相对变化。

(三)模拟结果及分析

通过数值模拟，分析了在锅炉满负荷下，F 层二次风水平和 F 层二次风分别下倾 15°、25°和 35°的炉内速度场、温度场和 NO_x 分布等结果，比较不同情况下 W 型火焰锅炉燃烧情况的变化，包括煤粉着火、燃尽及 NO_x 生成等[42]。图 3.10 和图 3.11 分别给出模拟得到的 F 层二次风下倾不同角度的炉内速度场和流线轨迹，图 3.12 和图 3.13 给出这四种工况下数值模拟得到的炉膛深度方向上的温度分布和 NO_x 分布。

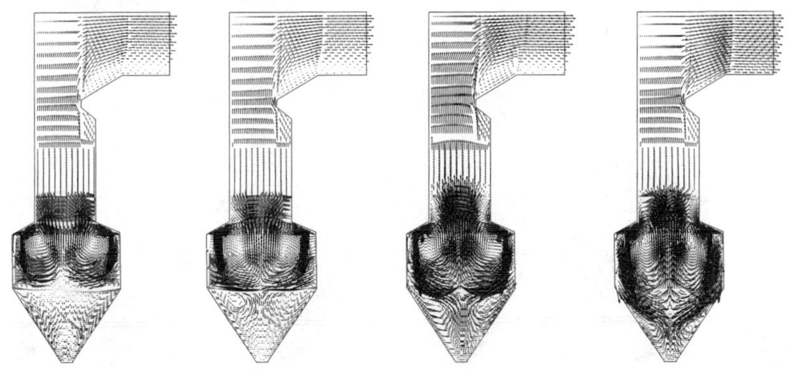

(a) F层二次风下倾0°　(b) F层二次风下倾15°　(c) F层二次风下倾25°　(d) F层二次风下倾35°

图 3.10　F 层二次风下倾不同角度的炉内速度场

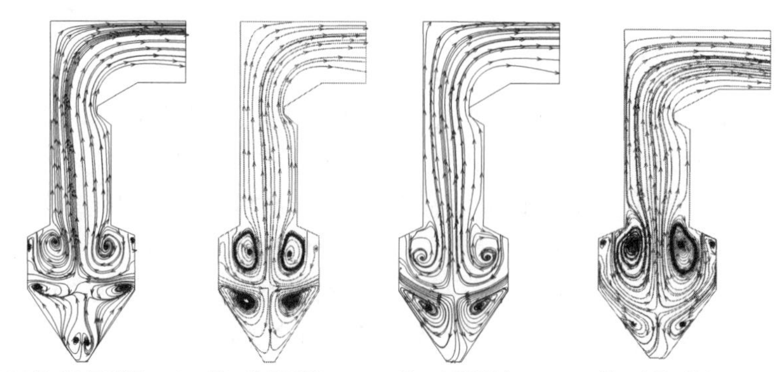

(a) F层二次风下倾0° (b) F层二次风下倾15° (c) F层二次风下倾25° (d) F层二次风下倾35°

图 3.11 F 层二次风下倾不同角度的炉内流线轨迹

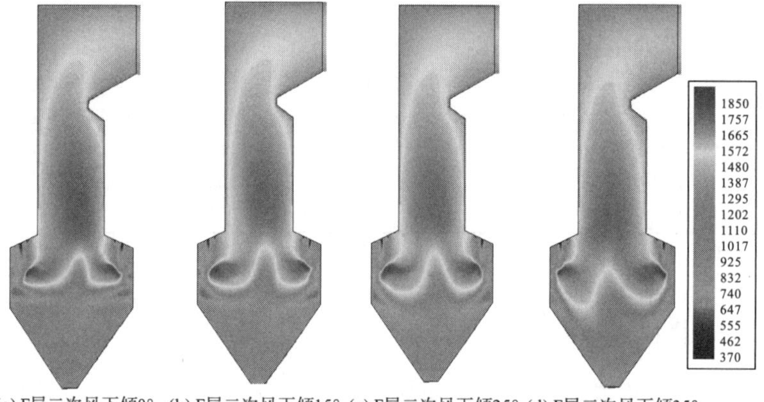

(a) F层二次风下倾0° (b) F层二次风下倾15° (c) F层二次风下倾25° (d) F层二次风下倾35°

(扫一扫，看彩图) 图 3.12 F 层二次风下倾角度的炉膛深度方向温度分布(单位：K)

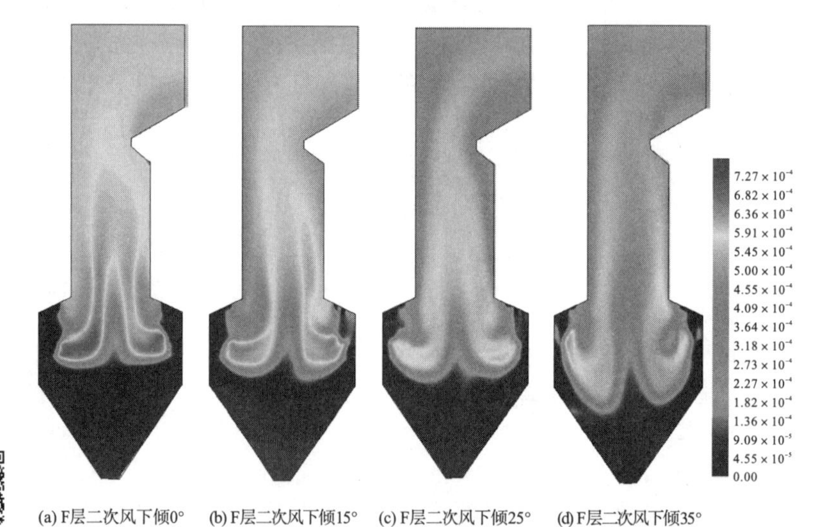

(a) F层二次风下倾0° (b) F层二次风下倾15° (c) F层二次风下倾25° (d) F层二次风下倾35°

(扫一扫，看彩图) 图 3.13 F 层二次风下倾角度的炉膛深度方向 NO_x 分布(体积分数)

综合分析以上结果可知，F 层二次风下倾可以有效增加向下/水平方向的动量比，而且由于下倾的二次风对下冲的一次风气流有一定的引射作用，F 层二次风下倾以后整个炉内火焰中心下移，一次风火焰行程增加，煤粉燃烧的区域向下炉膛延伸，下炉膛的空间得到了更加充分的利用，使得炉内容积热负荷分散。这样既可以延长煤粉射流在下炉膛的停留时间，有利于煤粉燃尽，也使煤粉燃烧放热在更大的几何空间内发生，降低局部高温，延长煤粉在还原区的停留时间，降低 NO_x 排放。此外，一次风和二次风的混合延迟也有利于抑制 NO_x。F 层二次风下倾还有利于煤粉射流卷吸炉膛高温烟气，增加卷吸热量，有助于提高煤粉的着火稳燃能力。

三、B&W 公司 W 型火焰锅炉炉内燃烧过程的数值模拟

本节对配置旋流燃烧器 W 型火焰锅炉的燃烧过程进行数值模拟，将模拟结果简单总结如下。模拟工况：①外二次风旋流叶片角度为 60°(工况 1)；②外二次风旋流叶片角度为 60°，同时将内二次风风量关小为 5m/s(工况 2)；③外二次风旋流叶片角度为 65°，同时将内二次风风量关小为 5m/s(工况 3)；④外二次风旋流叶片角度为 70°，同时将内二次风风量关小为 5m/s(工况 4)。

(一)建模与网格划分

根据锅炉实际的结构与尺寸建立含燃烧器旋流叶片的几何模型(图 3.14)并划分网格，总网格数为 244 万。

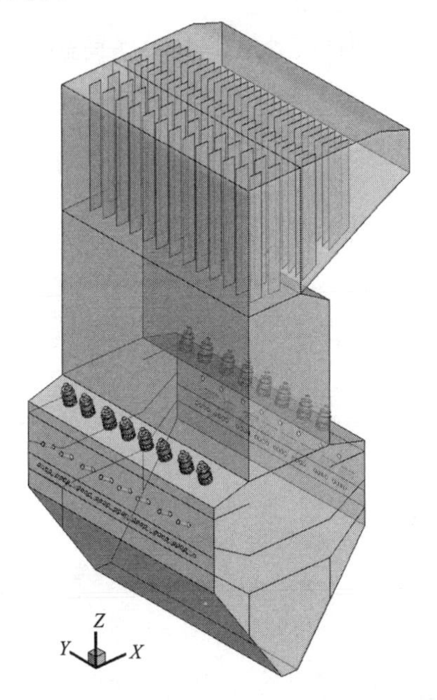

图 3.14 W 型火焰锅炉几何模型示意图

（二）模拟结果及分析

不同内、外二次风风量比例以及不同内、外二次风旋流强度下数值模拟计算结果如图3.15～图3.17和表3.10所示。图中，工况 1 指外二次风旋流叶片角度为60°；工况 2 指外二次风旋流叶片角度为60°，同时将内二次风关小为5m/s；工况 3 指外二次风旋流叶片角度为65°，同时将内二次风关小为5m/s；工况 4 指外二次风旋流叶片角度为70°，同时将内二次风关小为5m/s。

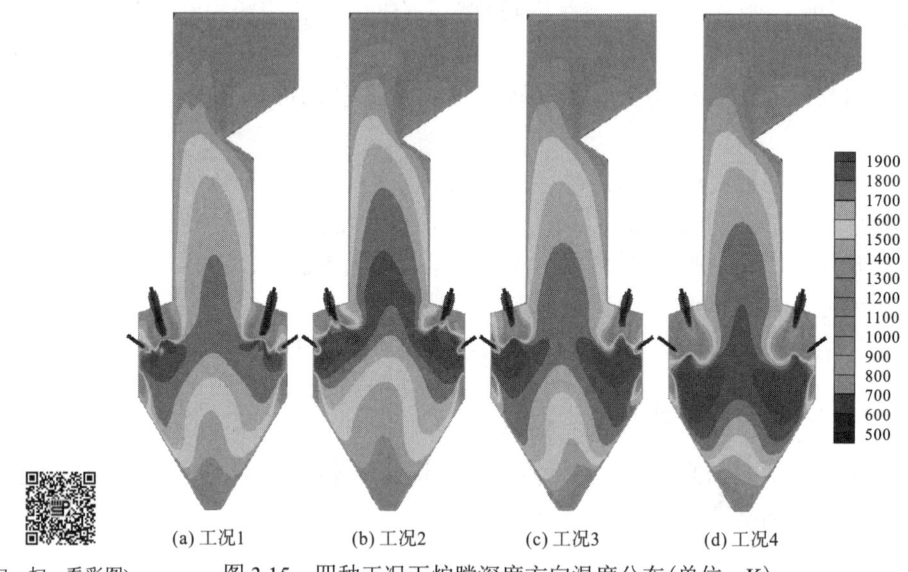

图 3.15　四种工况下炉膛深度方向温度分布(单位：K)

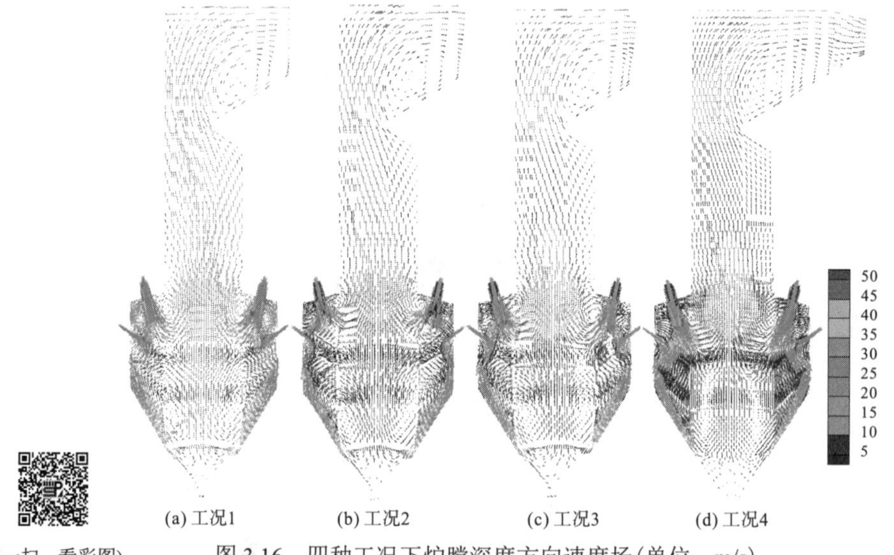

图 3.16　四种工况下炉膛深度方向速度场(单位：m/s)

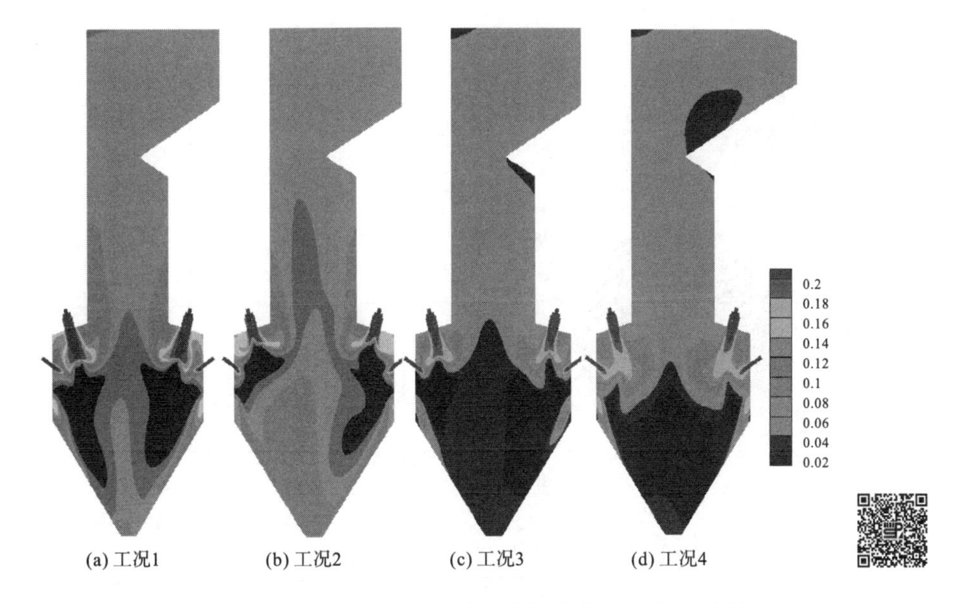

图 3.17　四种工况下炉膛深度方向氧浓度分布(体积分数)　(扫一扫，看彩图)

表 3.10　四种工况下煤粉燃尽率

项目	工况 1	工况 2	工况 3	工况 4
氧浓度(体积分数)/%	3.73	3.55	3.46	3.53
煤粉燃尽率/%	96.13	97.10	98.02	97.12

从图 3.15～图 3.17 可以看出：适当改变内、外二次风风量比例后，炉内 W 型火焰的空气动力特性更为明显，更有利于煤粉的稳燃和燃尽，说明内、外二次风风量的比例对锅炉燃烧有重要影响；对于该型锅炉，火焰煤粉燃尽需要的空气主要由外二次风提供，外二次风旋流强度(由外二次风旋流叶片角度控制)对煤粉火焰的行程、稳燃和燃尽都有重要影响，在内二次风风量较小时更是如此。随着内二次风风量减小，虽然着火情况明显改善，但火焰下冲行程明显减弱，此时需要减小外二次风的旋流强度来增强煤粉火焰的下冲能力。从图 3.15～图 3.17 可以看出：当内二次风风量减为 5m/s 时，外二次风旋流叶片角度在 65°左右比较合适，在 70°时煤粉燃尽率将下降。

四、缝隙式燃烧器 W 型火焰锅炉炉内燃烧过程的数值模拟及技术改造

(一)研究对象的结构特点与改造方案[43]

炉膛结构尺寸和炉膛网格结构分别见图 3.18 和图 3.19。

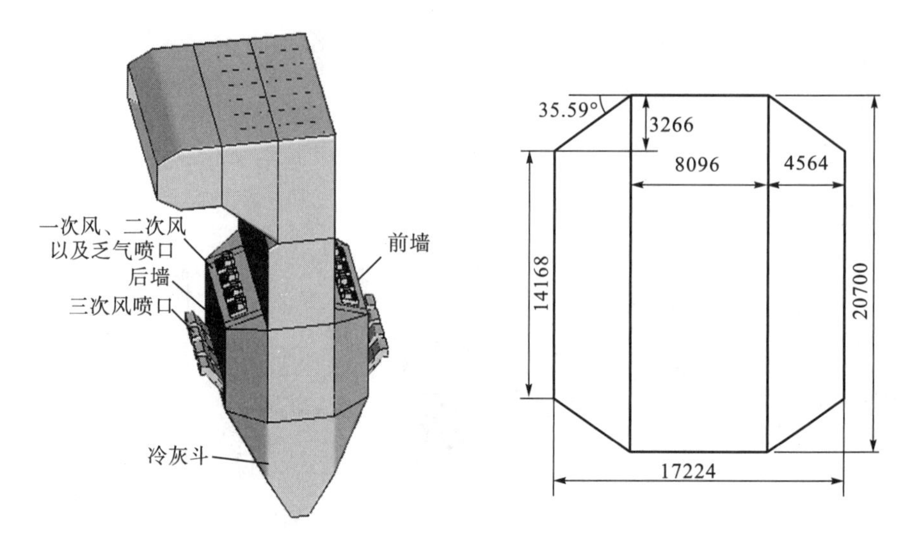

图 3.18 炉膛结构尺寸(单位：mm)

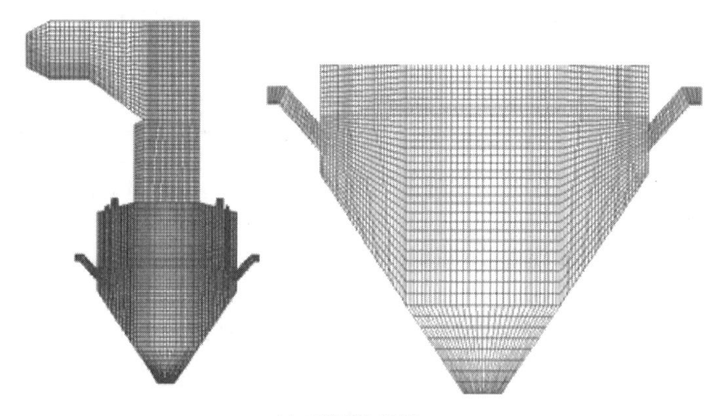

(a) Y 截面上网格

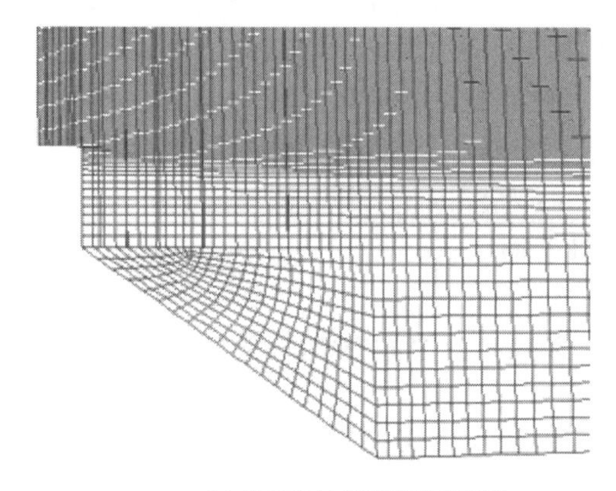

(b) 前后墙与侧墙转角处网格

图 3.19 炉膛网格结构

根据 MBEL 公司 W 型火焰锅炉缝隙式燃烧器的结构特点，进行多个改造方案的模拟计算，通过对比分析，最终选择如下方案：

(1) 燃烧器乏气风喷口布置于靠炉膛中心侧二次风处(图 3.20)。

(2) 增设三次风下倾装置。

(3) 在翼墙水冷壁鳍片上开缝通风。

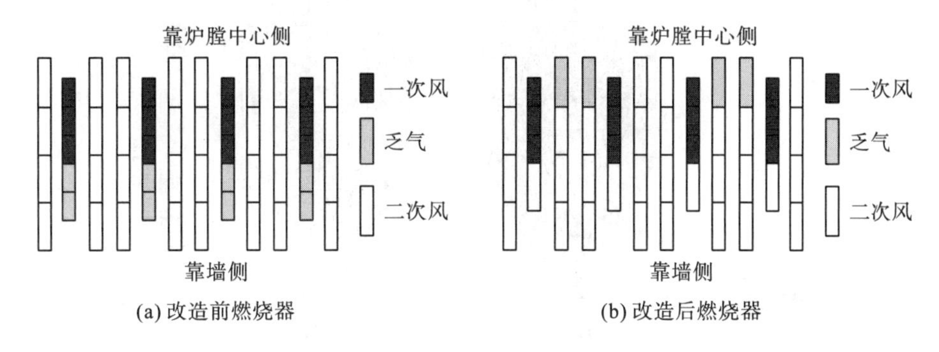

图 3.20 改造前后燃烧器喷口布置

(二) 改造前后模拟结果比较

图 3.21～图 3.23 分别显示技术改造前后速度场和流线轨迹、温度场及氧浓度场的对比。调整缝隙式燃烧器乏气风喷口布置以及分级二次风风箱改造，对炉膛着火特性、燃烧经济性以及稳定性的影响如下：

(1) 调整后乏气煤粉位于炉膛中心，温度升高更加迅速，乏气煤粉的着火距离缩短了 0.7m；同时，调整后炉膛中心挥发分含量更高，一次风的着火距离缩短了 0.5m。

(2) 改造后燃烧区的平均温度升高，煤粉燃烧更加剧烈。同时，由于分级二次风对一次风粉的冲击减弱，落入冷灰斗的煤粉颗粒减少。分级二次风下倾角度增大，煤粉颗粒在炉膛内的停留时间延长，煤粉机械不完全燃烧损失减少，煤粉燃尽率由 97.32%增大到 99.61%，燃烧经济性提高。

(3) 乏气被调整到了炉膛中心，炉膛壁面处的反应减少，壁面温度明显降低，由 1900K 降到 1450K 左右，有利于减少壁面处结渣。

(4) 炉膛内燃烧区域火焰充满度更大，负荷分布更加均匀，分级二次风对火焰的冲击减少，炉膛内燃烧更加稳定，不容易造成负荷分布不均匀而突然停火[44]。

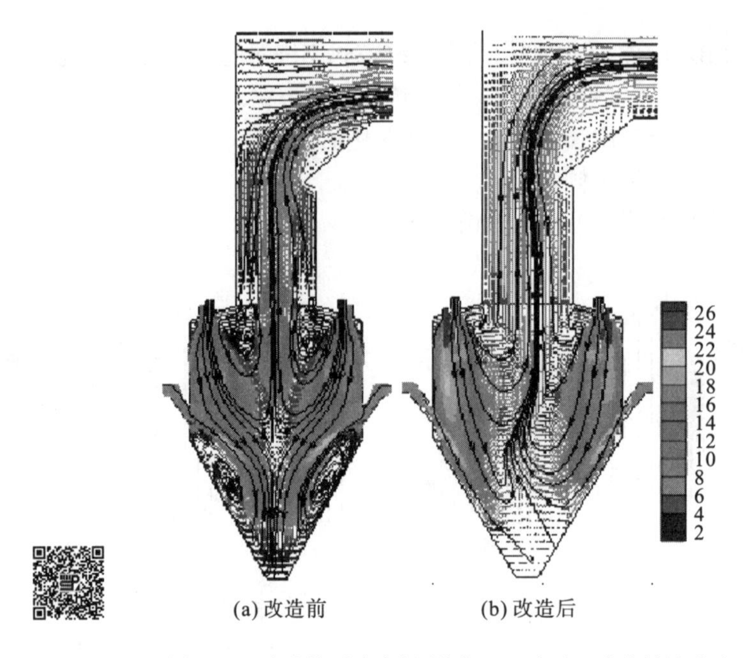

(扫一扫，看彩图) 图 3.21 改造前后速度场(单位：m/s)以及流线轨迹分布

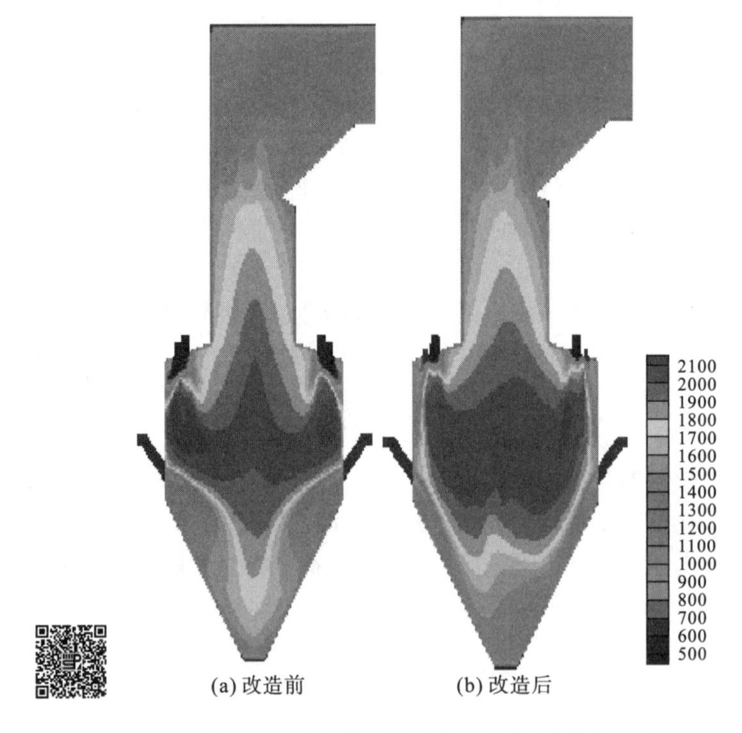

(扫一扫，看彩图) 图 3.22 改造前后炉膛内温度分布(单位：K)

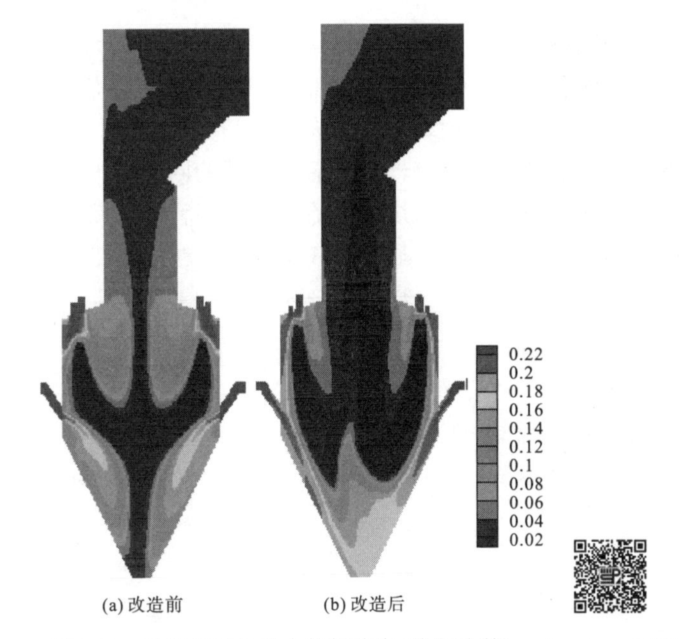

图 3.23　改造前后炉膛内的氧浓度(体积分数)　(扫一扫，看彩图)

第六节　W 型火焰锅炉稳燃、燃尽准则的建立

在 FW 公司 W 型火焰锅炉的燃烧调整试验过程中发现：与设计和低挥发分煤燃烧一般要求的低一次风速不同，在高负荷切除部分燃烧器后(图 3.24)，锅炉燃烧稳定性和经济性反而显著提高，含氧量由 1%提高到 3%左右稳定燃烧，飞灰含碳量由 20%降低到 12%左右。切除炉膛中部燃烧器能显著改善中部极低的含氧量水平，切除炉膛四角燃烧器能显著减轻下炉膛侧墙和翼墙结渣。

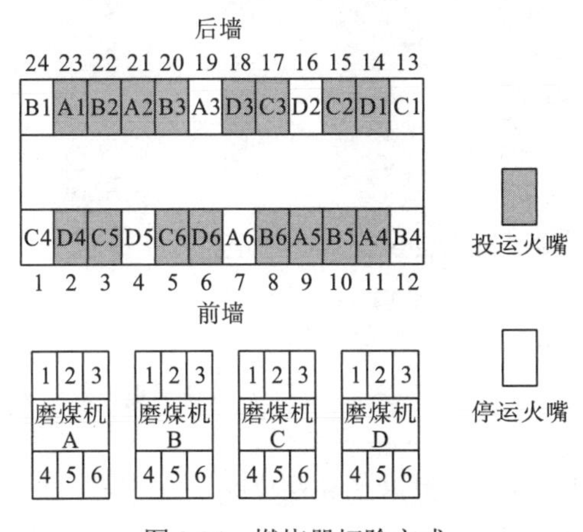

图 3.24　燃烧器切除方式

由于切除部分燃烧器后，只有单个燃烧器喷口风速和出力增加，其他包括磨煤机出力、煤粉细度和锅炉总出力等参数都不变，一次风速提高使一次风煤粉气流相对于下炉膛旋转回流中心的动量矩增大，依据有限空间射流动量矩守恒原理，显著增强了下部高温热烟气向燃烧器出口着火区域的回流，大大提高了燃烧稳定性。同时，一次风速提高使一次风煤粉气流的下冲行程和煤粉在下炉膛的停留时间延长，燃烧中心下移(图 3.25)，显著提高了煤粉颗粒的燃尽率[45]。

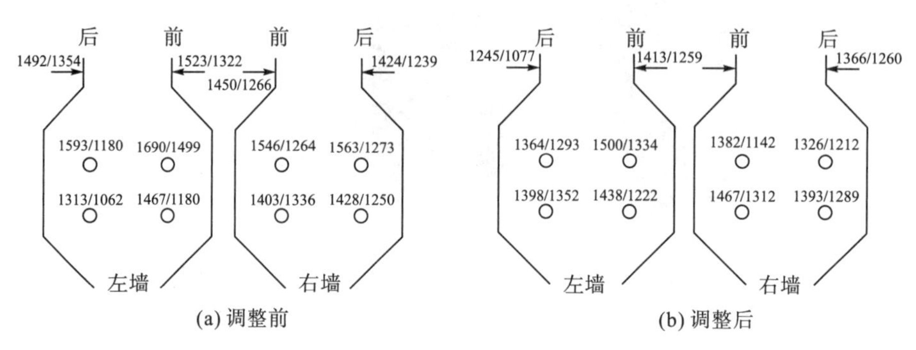

(a) 调整前　(b) 调整后

图 3.25　调整前后下炉膛温度分布(单位：℃)

为了对这一结果进行验证和进一步分析，对部分燃烧器切除前后的下炉膛燃烧工况进行数值模拟计算和分析。调整前后数值模拟计算结果对比见图 3.26。

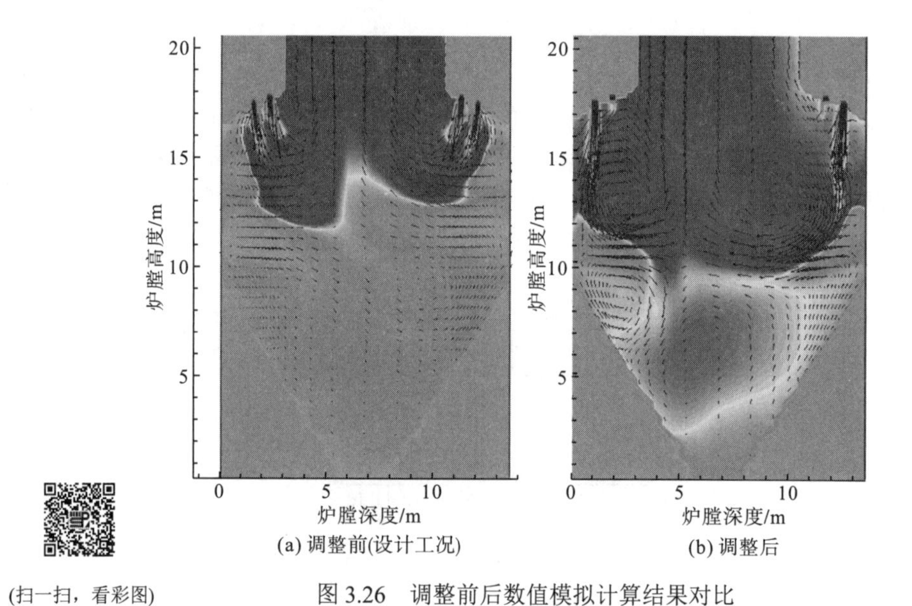

(a) 调整前(设计工况)　(b) 调整后

(扫一扫，看彩图)

图 3.26　调整前后数值模拟计算结果对比

从模拟计算得到的下炉膛温度场和速度场分布来看，在切除部分燃烧器前(设计工况)，煤粉火焰喷出后很短距离内就转折向上离开下炉膛，火焰行程和煤粉停留时间很短，根本没有形成有效的高温烟气回流，拱下垂直墙上部二次风对着火区影响很大，是调整前燃烧稳定性和经济性均很差的原因。在切除八个燃烧器后，一次风煤粉火焰下冲能力增强，形成明显的高温烟气回流，着火区温度显著提高，这是燃烧稳定性改善的主要原因。同时，火焰行程和煤粉停留时间明显增加，燃烧中心下移，是燃烧经济性显著提高的主要原因。

在此基础上，结合其他两种 W 型火焰锅炉存在的问题和数值模拟计算分析结果，总结提炼并提出了一种以有限空间射流动量矩守恒原理为依据的 W 型火焰锅炉通用的稳燃、燃尽准则[46]。

参见图 3.27，加大下炉膛各股射流对回流中心的动量矩、在动量矩守恒的基础上形成充分的整体高温烟气回流对 W 型火焰锅炉的着火稳燃至关重要。拱上下冲的二次风能对一次风的下冲起到很好的携带和帮助作用，但必须合理布置，与一次风保持有足够的间距，避免对一次风着火形成干扰。在此基础上，足够长的一次风煤粉的下冲行程和煤粉在下炉膛的停留时间是保证煤粉燃尽的关键。因此，W 型火焰锅炉稳燃、燃尽的关键是：在保证一次风火焰充分下冲的同时避免拱上二次风对一次风着火的不良影响。

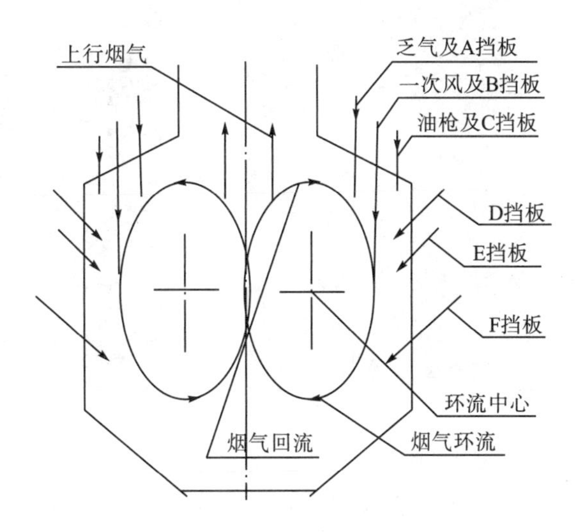

图 3.27　W 型火焰锅炉下炉膛流场结构示意图

第七节　W 型火焰锅炉燃烧系统改造及优化燃烧调整试验

通过实验室研究、理论研究及数值模拟计算研究，探寻造成目前 W 型火焰锅炉存在问题的关键因素，总结提出 W 型火焰锅炉的稳燃、燃尽准则。本节将以此准则为指导，形成技术改造方案，进行工程设计和应用研究，在 FW 公司和 MBEL

公司 W 型火焰锅炉上实施技术改造和优化调整，在 B&W 公司 W 型火焰锅炉上进行优化调整。

一、FW 公司 W 型火焰锅炉燃烧系统改造

(一)改造方案的确定

1. 将原水平送入的拱下 F 层二次风改为倾角可调的下倾送入方式

F 层二次风下倾前后数值模拟计算结果对比见图 3.28：改造前设计工况(乏气和 D、E 挡板开度较大)火焰下冲能力明显不足，整个冷灰斗充满反向涡流，煤粉离开燃烧器后尚未充分燃烧就离开了下炉膛，基本没有形成明显的高温烟气回流。部分拱下二次风受到一次风射流的卷吸从前后墙壁面附近直接上行到了一次风出口处，使着火区温度明显降低。

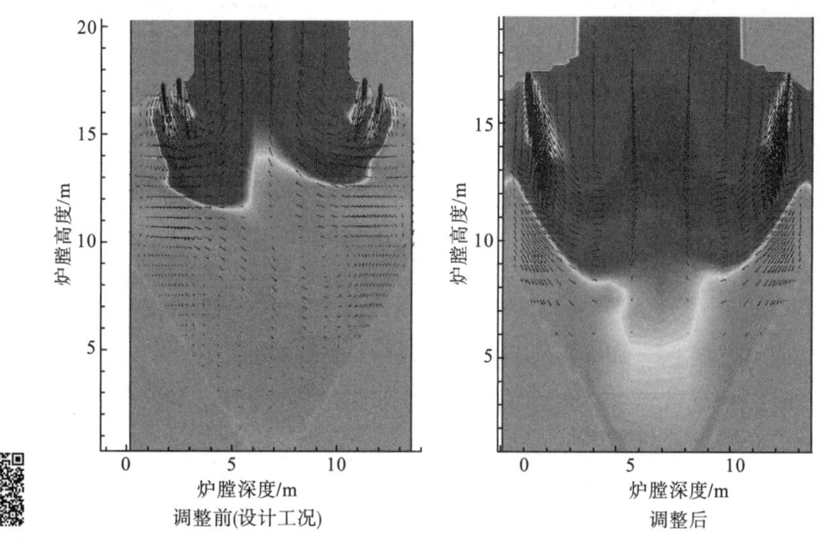

图 3.28 F 层二次风下倾前后数值模拟计算结果对比

对于现有锅炉的改造，改变炉膛尺寸显然不现实，而对燃烧器进行改造或更换的工作量太大且没有新的、成熟的、适合该型锅炉的燃烧器可用，比较现实和易行的方案是通过将原水平送入的拱下二次风改为下倾送入来减弱对一次风的抬升作用，从而使一次风火焰能够冲得下来并减少对着火区的不利影响(由于拱下 D、E 层二次风风量较小并且运行中可以调整关闭，同时考虑到改造工作的复杂性，所以本方案只考虑对拱下 F 层二次风进行改造)。数值模拟计算研究结果显示：F 层二次风适当下倾(F 层二次风下倾 30°，乏气、D、E 挡板全关)后，火焰下冲明

显加强，形成了大范围明显的高温烟气回流，下炉膛温度增高，火焰对称性明显增强，一次风出口段附近的低温区完全消失，流向着火区的拱下二次风气流消失，冷灰斗反向涡流完全消失，燃烧中心明显下移，煤粉在下炉膛停留时间明显延长。

数值模拟计算对定性分析存在的问题和确定原则性方案很有帮助和指导性。但由于实际煤粉燃烧过程的复杂性，目前基础燃烧理论仍不成熟，用数值模拟计算结果准确、定量地确定改造细节和具体参数仍不现实。数值模拟计算结果仍与实际存在较大偏差(例如，数值模拟计算结果显示F层二次风下倾30°就可以取得很好的效果，但实际F层二次风倾角需要调到下倾50°左右才能达到最佳效果)。因此，为了保证改造方案的灵活性、安全性和适应性，必须将拱下F层二次风的倾角设计为运行时能在较大范围内灵活调节的形式。这样不但能在热态运行时通过优化调整寻找到最优的下倾角度和工况，还可以根据煤质和工况的变化(如结渣、汽温等)情况及要求进行灵活调整，在极端情况下甚至还可以将F层二次风倾角恢复到原来的水平送入状态，从而确保改造的安全性[47]。

2. 取消乏气风并增设燃尽风

理论研究发现，乏气风的存在会明显减弱一次风下冲能力，对稳燃、燃尽都不利，试验研究也证实了这一点，因此决定取消乏气风。同时，为增强燃烧后期扰动和混合，进一步改善燃尽情况，在原乏气风喷口位置增设燃尽风喷口，燃尽风水平送入，以降低对着火区的影响，同时对拱部和上部的屏式过热器起到保护作用。

3. 增设沿翼墙吹向侧墙的贴壁风

为了减弱和消除下炉膛翼墙和侧墙附近的反向涡流，加强对翼墙和侧墙的冷却，提高壁面附近的氧化性气氛，在前后墙与翼墙连接处增设一列沿翼墙吹向侧墙的贴壁风，改善翼墙和侧墙的结渣。数值模拟计算研究结果显示，增设贴墙风后，下炉膛侧墙和翼墙附近温度明显降低。

(二)燃烧系统改造设计

1. F层二次风倾角调节装置的设计和研究

为了保证在热态运行的高温含尘二次风环境下能够灵活、方便地进行手动调节，F层二次风倾角调节装置必须简单、可靠。同时，还要保证调节装置穿出风箱的部分密封。每个F层二次风风室设置单独可调的F层二次风倾角调节装置。总体上采用百叶窗形式(转动轴平行于炉宽方向)，各相对转动部件均采用销子连接并保证足够的间隙，安装在多孔板(后移)和水冷壁管之间，调节拉杆从风箱前后墙穿出做前后直线运动，以方便拉杆从风箱穿出处进行密封(图3.29)。

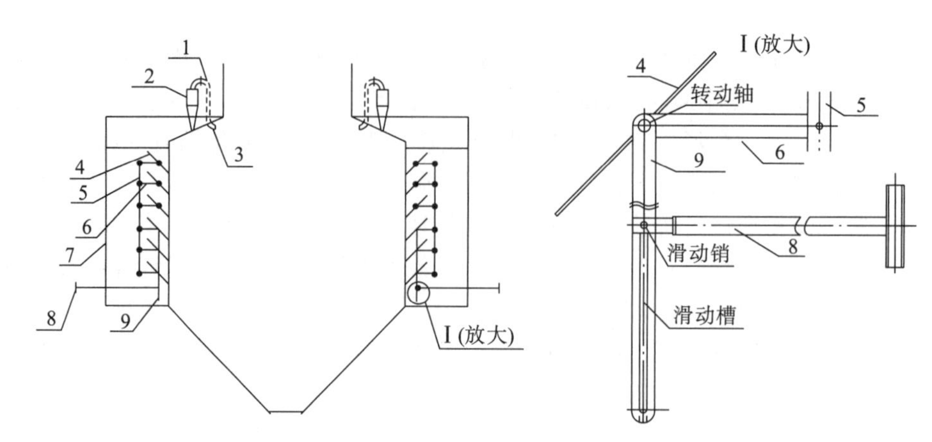

图 3.29 F 层二次风倾角调节装置示意图

1 原乏气管；2 燃烧器；3 新增燃尽风喷口；4 百叶窗叶片；5 连杆；
6 调节臂；7 F 层二次风风室；8 拉杆；9 转动拐臂

本 F 层二次风倾角调节装置的设计主要解决了以下两个技术难题：

(1) 独特的滑动销设计，成功解决做前后直线运动的调节拉杆和做前后转动运动的百叶窗转动拐臂之间的连接问题。

如图 3.29 所示，由于 FW 公司 W 型火焰锅炉二次风箱为整体大风箱结构，内部再用钢板分隔成各二次风风室，各二次风风室是并排紧密相连的，不可能在各风室外侧面设置传统的转动拐臂，进行百叶窗角度的调节。同时，因为锅炉很宽(约 25m)，考虑到轴系的挠曲和热态下的膨胀以及调节力矩的大小，也不可能在大风箱侧墙外设置总的转动拐臂，所以只能在各 F 层二次风风室内部设置转动拐臂，然后与拉杆连接，拉杆再从风室前后墙伸到 F 层二次风风室外进行调节(拉杆也可从风室顶部伸出，但因为所需拉杆太长而没有采用)。考虑到拉杆穿过风室前后墙处密封的需要，拉杆必须做前后直线运动，因而拉杆与做前后转动运动的转动拐臂(在前后方向和垂直方向上都有位移)之间采用一般的转动销连接是不能满足要求的。经过多种方案的对比，最终通过设计独特滑动销和滑动槽的连接方式巧妙解决这一问题(图 3.29)。

(2) 成功解决 F 层二次风出口实际倾角不能保持(明显衰减)的问题。

在设计工作中遇到的一个非常棘手的问题是：如果按照通常最简单的思路将百叶窗叶片宽度设计成和 F 层二次风风室宽度一致，则实际 F 层二次风出口下倾角度会较百叶窗叶片倾角大幅度减小，通过模拟试验和数值模拟计算也证实了这一点，如果不能解决这一问题，将大大影响 F 层二次风下倾角改造的效果。

通过数值模拟计算发现，百叶窗叶栅中，通过一定长度叶片的导流作用后，F 层二次风下倾角度已经和百叶窗叶片角度一样，但在 F 层二次风经过百叶窗叶片到达 F 层二次风风口位置后，F 层二次风下倾角度突然大幅度减小。通过理论研究发现，这是一个速度合成问题。如图 3.30 所示，百叶窗叶栅中 F 层二次风的垂直分速度(使 F 层二次风产生下倾)由叶片的导流作用形成，经过足够长的叶片导流后(在导流过程中水平分速度保持不变)，其大小和 F 层二次风的倾角取决于叶片的倾角，在流出叶片后垂直分速度仍然可以保持。但百叶窗叶栅中 F 层二次风的水平分速度在一定风量下取决于通道面积，在通道高度不变时取决于通道宽度，与叶片角度无关。因为 F 层二次风风室很宽而 F 层二次风风口很窄，所以在 F 层二次风流过叶片末端进入 F 层二次风风口后会产生加速。F 层二次风的水平分速度会大幅增加，而垂直分速度仍然保持不变。根据速度合成原理，在 F 层二次风风口处合成后的速度矢量下倾角度就产生了大幅衰减。据此，对 F 层二次风风室进行分隔，将每个 F 层二次风风室隔成几个和 F 层二次风风口对应的通道，通道宽度保持和 F 层二次风风口宽度一样，然后在通道内设置百叶窗叶栅，使得在叶栅中和 F 层二次风风口处的 F 层二次风水平分速度一样，从而保证 F 层二次风风口处 F 层二次风实际下倾角度和百叶窗叶片角度一样，使问题得到圆满解决。该方案通过数值模拟计算和实际锅炉冷态试验得到验证和证实。

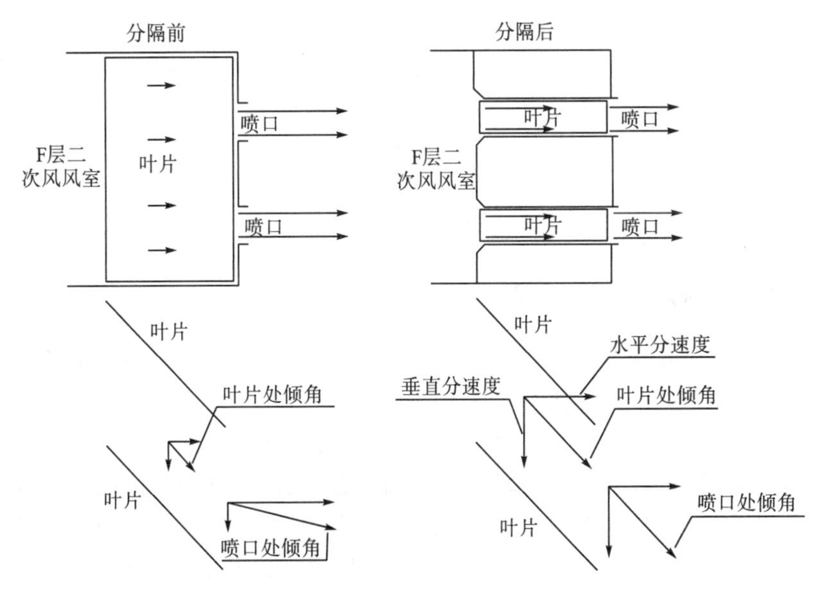

图 3.30　对 F 层二次风风室进行分隔前后 F 层二次风出口实际倾角的变化

2. 燃尽风装置的设计

首先将乏气挡板后乏气管整体抽出，燃烧器侧乏气管在挡板处封堵，原乏气管穿过风箱处用钢板封堵，在原乏气管位置装设带 90°弯头的燃尽风喷口(图 3.29 标注 3)，喷口上部与上部风箱底板焊接。二次风经原乏气周界风风道和挡板(A 挡板)通过燃尽风喷口水平送入炉膛，充分利用原有风道，并且可以通过原有 A

挡板对燃尽风风量进行调节，大大减少改造费用和工作量。

3. 贴壁风装置的设计

据数值模拟结果可判定，DG1025/18.2-II15 型 W 型火焰锅炉侧墙和翼墙结渣问题的加剧与最边上的 F 层二次风风室内少一列风口有很大关系。故将原来与翼墙水冷壁管相连的第一根前后墙水冷壁向后拉，形成新的风口。然后将对应的分隔风道向炉膛中心方向偏置，同时用隔板将拉稀管靠翼墙侧封堵，从而使 F 层二次风在风口产生向翼墙、侧墙方向的偏转，形成贴壁风(图 3.31)。

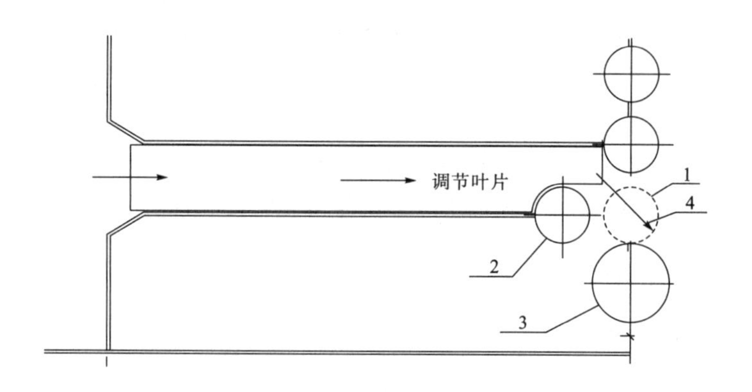

图 3.31　炉膛四角新增贴壁风

1 原前后墙水冷壁管；2 新增拉稀管；3 翼墙水冷壁管；4 贴壁风

(三)改造后的冷态试验研究

为了在投入热态运行前实际验证 F 层二次风倾角调节装置的效果，在某电厂#3 炉进行了改造后的冷态空气动力场试验。

冷态空气动力场试验表明，F 层二次风倾角调节装置可在 0°到下倾 60°范围调节，操作灵活可靠。飘带试验显示，各 F 层二次风下倾明显，实际倾角与调节装置倾角基本一致(只是 F 层二次风风口下部倾角要小一些。改造前 F 层二次风实际上翘约 10°)，炉膛四角最边上 F 层二次风喷口风向呈 45°沿翼墙吹向侧墙，符合设计要求。此外，试验表明，随着 F 层二次风倾角调节装置下倾角度的增大(其他设置保持不变)，各送风风压略有增加，表盘二次风总风量略有减少，但减小幅度均很小，说明阻力增加不明显。

冷态空气动力场烟花示踪试验表明，随着拱下二次风倾角调节装置下倾角度的增大，一次风火焰下冲行程、对称性和充满度都明显改善，装置的调节作用非常明显(图 3.32)。

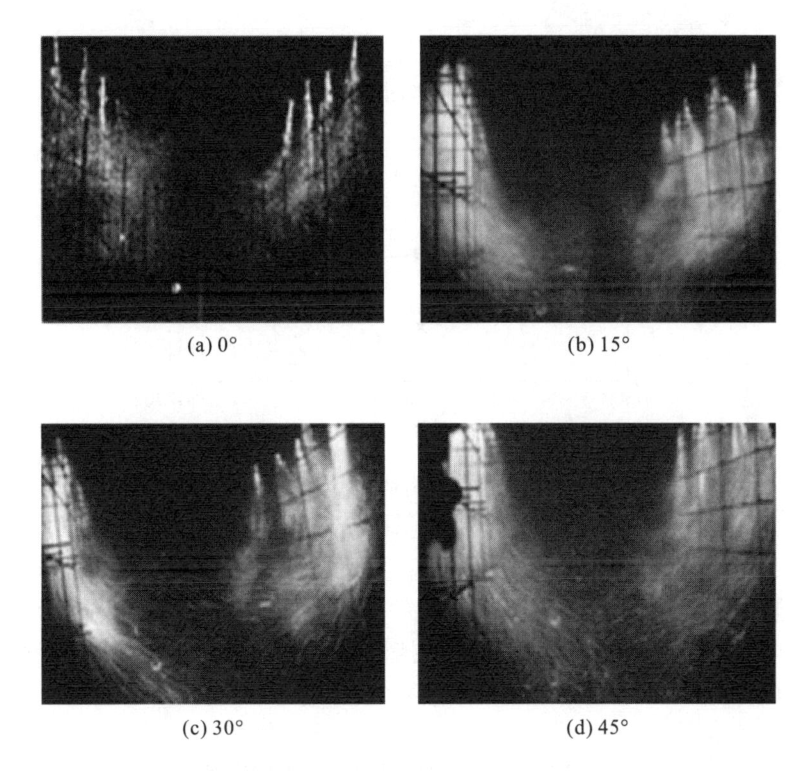

(a) 0° (b) 15°

(c) 30° (d) 45°

图 3.32 F 层二次风倾角调节装置不同下倾角度下的空动场试验照片

(四)改造后的热态燃烧调整试验研究及改造效果

FW 公司 W 型火焰锅炉有一个非常显著的特点：炉膛中部含氧量很低、CO 浓度很高，而两侧含氧量较高，偏差很大。在拱下二次风充分下倾后的实际运行测试中发现，在大多数情况下，单纯的拱下二次风下倾后，虽然燃烧稳定性大幅度提高，能够加风了，但中部含氧量很低、CO 浓度很高的情况仍然没有得到改变，因而燃烧经济性仍然没有明显改善。对此，通过反复地调整试验研究发现，开大拱上油枪风并采取中间大两边小的方式对沿炉宽各油枪风挡板进行调整，对进一步加强一次风火焰下冲、提高中部含氧量、降低 CO 浓度非常有效，详见图 3.33，使飞灰含碳量大幅度降低，煤粉燃尽率和燃烧经济性大幅度提高。在拱下二次风充分下倾前，因燃烧稳定性不足，拱上油枪风是无法开大的。此外，同样采取中间大两边小的方式对 F 挡板进行调整，能够进一步改善燃烧稳定性，从而很好地配合拱上油枪风的调整。

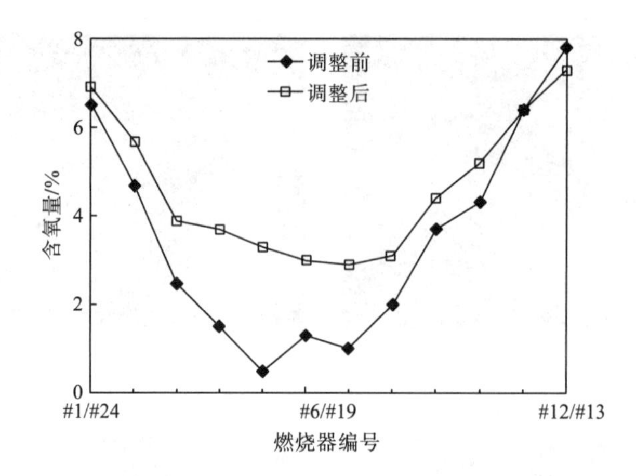

图 3.33 拱上油枪风(C 挡板)调整前后沿炉宽含氧量分布的变化

在改造后的优化调整试验中还发现：拱下二次风充分下倾后，在加风、开大拱上油枪风(C 挡板)以前，虽然锅炉效率基本保持不变，但 NO_x 排放量却有了明显降低(降低约 30%)，在加风、开大 C 挡板后虽然 NO_x 排放量恢复到了拱下二次风下倾以前的水平(表 3.11)，但锅炉效率大幅度提高[48]。

表 3.11 拱下二次风下倾对 NO_x 的影响

工况	F 层二次风水平	F 层二次风下倾 50°	开大 C 挡板
O_2(体积分数)/%	3.22	2.7	4.62
NO(体积分数)/(μL/L)	602	443	567
NO_x(质量浓度)/(mg/m^3)	1098	785	1123

共进行了 10 台 FW 公司 W 型火焰锅炉(9 台 300MW 等级、1 台 600MW 等级)的技术改造和优化调整,锅炉燃烧稳定性显著提高、锅炉效率提高了 2～4.3 百分点，锅炉结渣得到有效控制。部分 W 型火焰锅炉改造前后性能试验结果见表 3.12。

表 3.12 部分 W 型火焰锅炉改造前后性能试验结果

项目	试点 A 电厂#3 锅炉		试点 A 电厂#4 锅炉		试点 B 电厂#4 锅炉	
	改造前	改造后	改造前	改造后	改造前	改造后
收到基水分/%	5.50	6.60	6.70	5.60	8.15	7.7
收到基灰分/%	31.07	31.40	31.60	35.41	33.29	33.07
干燥无灰基挥发分/%	13.91	12.33	12.74	13.68	10.91	10.85
收到基低位发热量/(kJ/kg)	20750	20410	20170	19390	19185	19650
飞灰含碳量/%	10.67	4.41	10.02	3.66	9.68	3.19

续表

项目	试点 A 电厂#3 锅炉		试点 A 电厂#4 锅炉		试点 B 电厂#4 锅炉	
	改造前	改造后	改造前	改造后	改造前	改造后
炉渣含碳量/%	12.74	3.60	13.85	4.49	11.28	2.91
排烟 O_2/%	5.70	5.93	6.08	5.76	5.44	6.17
排烟 CO/(μL/L)	287	0	170	0	815	12
未燃尽碳热损失/%	6.23	2.33	6.27	2.42	6.39	1.85
CO 引起的热损失/%	0.12	0.00	0.07	0.00	0.33	0.01
修正后排烟温度/℃	143.92	150.71	136.03	145.53	147.71	151.53
修正后排烟损失/%	6.07	6.79	5.84	6.53	6.48	7.05
修正后锅炉效率/%	86.84	90.18	87.04	90.34	86.32	90.6

项目	试点 C 电厂#3 锅炉			试点 D 电厂#4 锅炉		
	改造前	改造后	F 层二次风水平	F 层二次风下倾	改造前	改造后
收到基水分/%	8.1	7.30	7.40	5.00	8.16	6.5
收到基灰分/%	38.53	36.88	35.45	38.35	34.06	28.14
干燥无灰基挥发分/%	12.14	11.66	12.51	12.28	12.42	10.21
收到基低位发热量/(kJ/kg)	17270	18290	19580	18730	18970	22190
飞灰含碳量/%	7.42	4.48	7.38	3.48	8.01	6.06
炉渣含碳量/%	2.3	1.66	11.50	4.43	3.32	4.66
排烟 O_2/%	4.07	5.72	5.14	6.23	5.31	5.9
排烟 CO/(μL/L)	3260	15	3680	28	69	32
未燃尽碳热损失/%	5.45	2.88	5.33	2.59	4.95	2.69
CO 引起的热损失/%	1.32	0.00	1.51	0.01	0.03	0.01
修正后排烟温度/℃	141.35	140.13	152.08	152.72	160.41	160.52
修正后排烟损失/%	5.67	6.27	6.27	7.12	6.97	7.20
修正后锅炉效率/%	86.69	90.01	86.02	89.36	87.20	89.30

二、MBEL 公司缝隙式燃烧器 W 型火焰锅炉燃烧系统改造

(一)改造方案和设计思想

1. 独创的缝隙式燃烧器

原设计的燃烧系统，从磨煤机出来的煤粉经过旋风分离器后，分成两股煤粉，两股煤粉各占 50%的一次风量，其中，约 90%的煤粉称为一次风，另外 10%的煤粉称为乏气。乏气风喷口布置于靠前后墙侧，一、二次风采用二一二二一二的相

间布置方式，一、二次风相距较近，使一、二次风过早混合，降低了煤粉浓度，使煤粉着火困难。解决的思路是使煤粉燃料在向火侧形成相对集中布置，使煤粉在高温条件下有较高的煤粉浓度，减小着火热，达到煤粉稳定燃烧的目的。

根据此思路，将乏气风布置于靠炉膛中心侧的二次风处，如图 3.34 所示。燃烧器改造前后数值模拟计算结果见图 3.35。

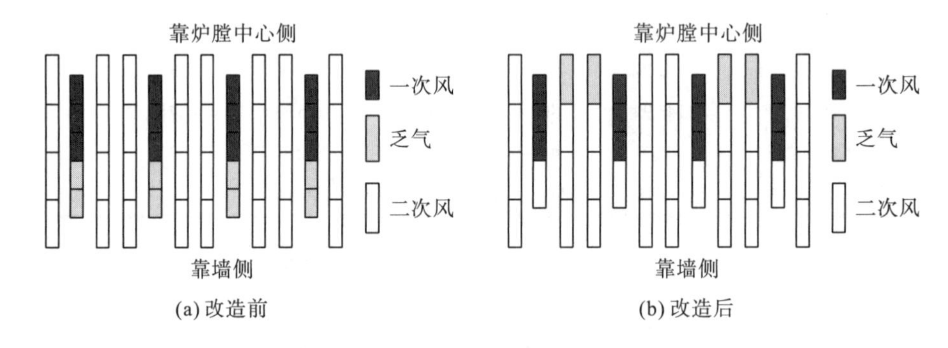

图 3.34 燃烧器改造前后喷口的变化

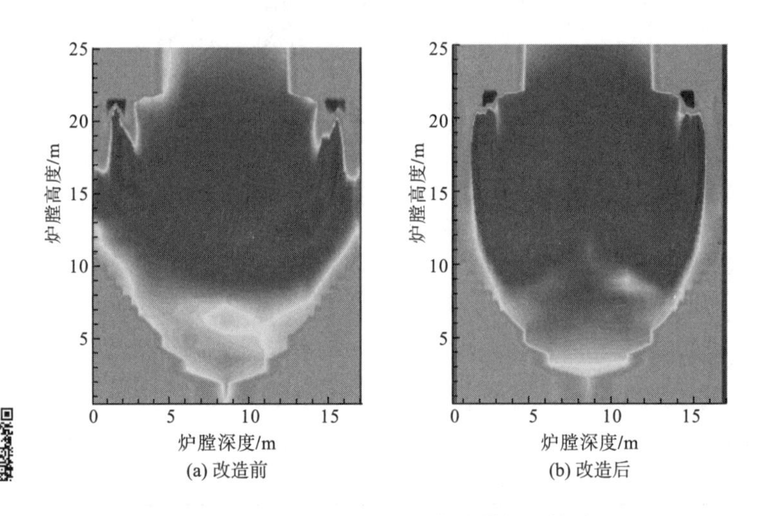

(扫一扫，看彩图)

图 3.35 燃烧器改造前后数值模拟计算结果

乏气风布置于靠炉膛中心侧的二次风处有以下优点：

(1) 煤粉燃料在向火侧形成相对集中布置。煤粉燃料在向火侧形成相对集中布置主要通过两方面进行：一方面减少部分向火侧的二次风；另一方面在原向火侧二次风处布置乏气风，位于两条一次风之间，使向火侧煤粉浓度进一步得到提高。减少部分向火侧的二次风，使一次风和二次风不至于过早混合，煤粉整体向高温区移动，直接接收高温烟气辐射热量，有利于煤粉快速着火燃烧。

(2) 在前后墙形成贴壁风。原乏气位置布置二次风，使二次风整体向前后墙侧移动，保证靠墙侧的烟气氧化性气氛，防止前后墙结渣。

(3) 保证燃烧气流的下冲能力。二次风整体向前后墙集中布置，保证二次风有足够的刚性，带动煤粉气流下冲，同时卷吸高温回流烟气，使煤粉快速着火燃烧。

2. 三次风加装下倾小风道

三次风布置于拱下，通过两根水冷壁管之间的间隙形成喷口通道。三次风主要是对燃烧进行后期补风，实现煤粉的分级燃烧。三次风过早与主煤粉气流混合，将对主燃烧气流产生干扰作用，导致冷态下前后墙流场的不对称，使燃烧偏差增大。三次风应以一定角度下倾，保证燃烧的稳定性和经济性。原三次风风室设计为 55°下倾结构，通过现场试验和数值模拟试验发现，三次风喷口宽度比三次风风室宽度要小得多，经过水冷壁管绕流后，三次风在水平方向有加速作用，而垂直方向速度基本不变，导致三次风喷口出口实际倾角基本呈水平方向。为获得下倾的三次风，必须使三次风在入口和出口保持相同的流通截面积。采取的办法是对每个喷口加装与风箱倾角一致的小风道。加装小风道后，三次风在小风道的作用下，保持了喷口处三次风倾角与风箱倾角一致。三次风室结构示意图如图 3.36 所示，加装小风道前后三次风出口下倾角度数值模拟计算结果如图 3.37 所示。

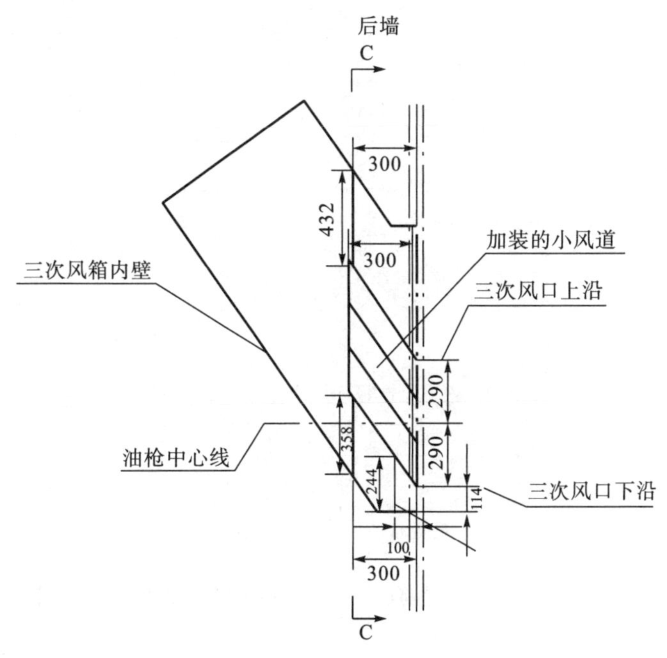

(a) 三次风加装小风道示意图

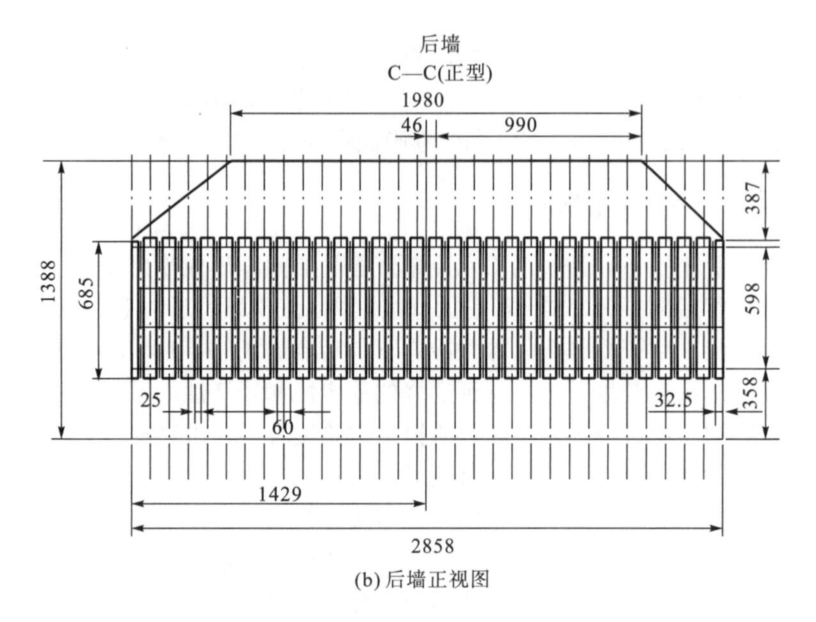

(b) 后墙正视图

图 3.36 三次风室结构示意图(单位：mm)

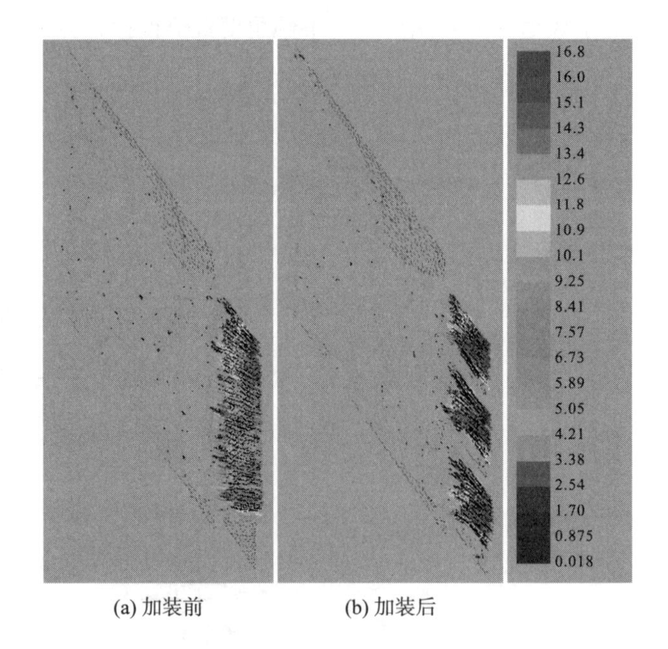

(a) 加装前 (b) 加装后

(扫一扫,看彩图) 图 3.37 加装小风道前后三次风出口下倾角度数值模拟计算结果(单位:m/s)

3. 增设防焦风

为减轻翼墙和侧墙结焦，通过在水冷壁鳍片上开细缝，通入二次风作为防焦风，改善翼墙还原性气氛，达到防止翼墙结焦的目的。防焦风包含整个翼墙易结焦部位，通过在炉外加装单独的防焦风箱来实现。防焦风设置可调的风挡板，根据实际结焦情况，控制防焦风量大小。防焦风量设计按 5%总风量考虑。

增设防焦风后，翼墙附近温度有较明显降低，对减轻翼墙结焦很有帮助。同时炉膛整体温度水平没有明显降低，因而对稳燃、燃尽不会有明显影响。翼墙开缝示意图和防焦风箱结构示意图分别如图 3.38 和图 3.39 所示。

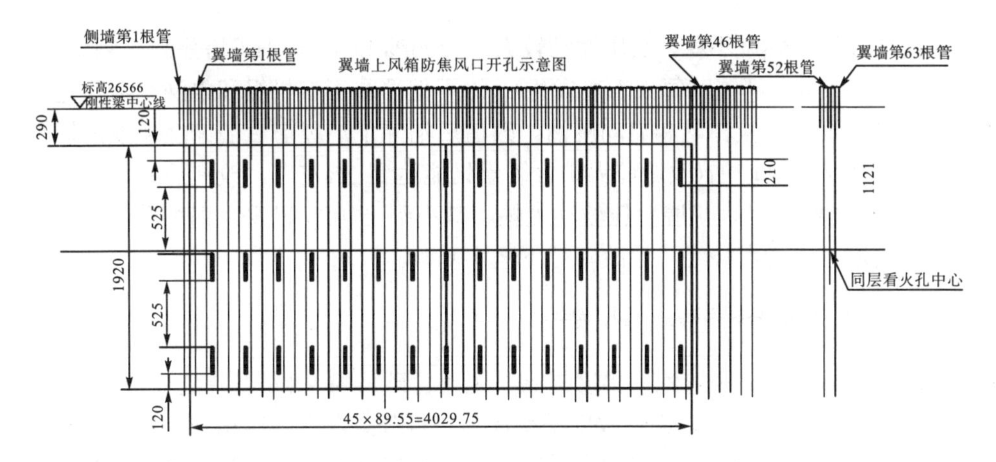

图 3.38　翼墙开缝示意图(单位：mm)

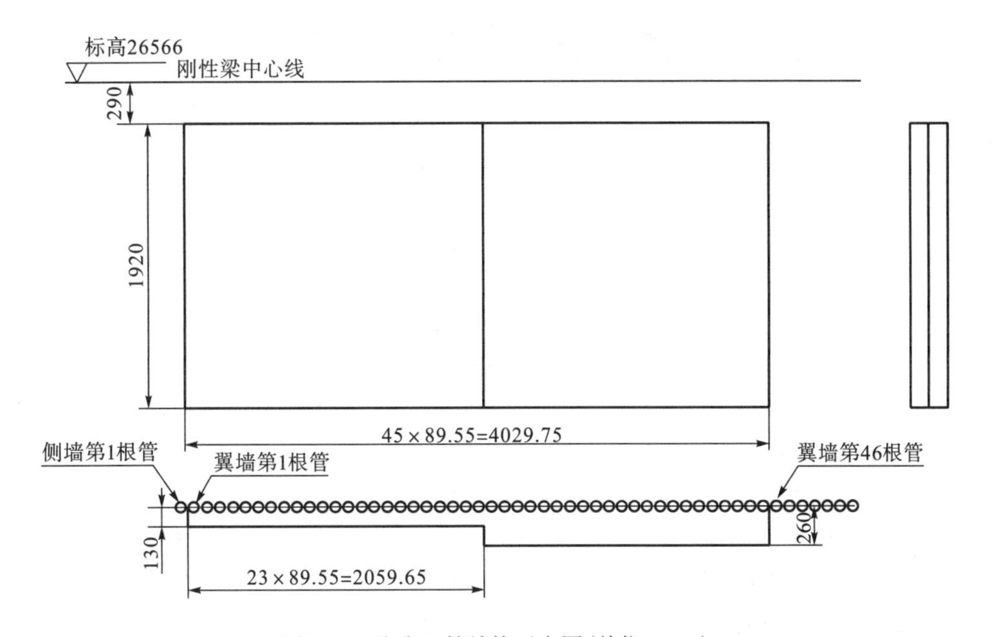

图 3.39　防焦风箱结构示意图(单位：mm)

(二)改造方案和设计思想实现后的试验

改造首先在某电厂#2 锅炉实施。改造后的燃烧调整和效率考核试验结果表明，燃烧系统改造完全成功，主要体现在以下几个方面。

1. 改造后燃烧稳定性得到极大增强

改造前锅炉燃烧不稳，负压波动较大(±200Pa 以上)，锅炉垮焦熄火频繁(基本上是每周一次，严重时每天都有发生)。这不但严重影响机组和电网安全稳定运行，而且要消耗大量稳燃和启动用油。改造后消除了炉膛前后墙偏烧现象，锅炉含氧量和风量显著增加(改造前锅炉含氧量只能达到 3%左右，改造后锅炉含氧量能够达到 4.5%以上)，炉膛负压波动大幅度减小到±70Pa 以内，锅炉燃烧稳定性得到极大增强，为燃烧经济性改善打下坚实基础。

2. 改造后燃烧经济性大幅度提高

改造后锅炉燃烧经济性大幅度提高，飞灰含碳量由 9%左右降到 6%左右，炉渣含碳量降到 3.8%左右，锅炉效率平均提高 2 百分点左右，详见表 3.13。由于燃烧稳定性和经济性的改善，锅炉煤质适应能力和带负荷能力也得到明显改善。

表 3.13 某电厂#2 锅炉改造前后性能试验结果对比

项目	某电厂#2 锅炉	
	改造前	改造后
收到基水分/%	6.90	8.10
收到基灰分/%	31.74	31.46
干燥无灰基挥发分/%	11.30	12.56
收到基低位发热量/(kJ/kg)	20080.00	19770.00
飞灰含碳量/%	8.54	5.93
炉渣含碳量/%	11.12	3.82
排烟 O_2/%	4.76	4.99
排烟 CO/(μL/L)	0	0
未燃尽碳热损失/%	5.48	3.19
CO 引起的热损失/%	0.00	0.00
修正后排烟温度/℃	128.27	133.71
修正后排烟损失/%	5.15	5.53
修正后锅炉效率/%	88.50	90.48

3. 锅炉减温水量明显降低

改造前在较低风量和含氧量下锅炉减温水经常在80～100t/h以上。改造后，虽然锅炉风量和含氧量大幅度增加，但减温水仍然降到30t/h左右，煤质稍好时甚至无须投运减温水。

4. 锅炉结焦得到有效控制

通过加装防焦风箱在炉内翼墙进行补风，同时结合二、三次风挡板调整和磨煤机之间的负荷分配，锅炉结焦得到有效控制，炉内无明显结大焦情况，各看火孔也无厚焦块堆积现象。

三、B&W公司双调风旋流燃烧器W型火焰锅炉燃烧特性试验

(一)研究对象

试验研究对象为某电厂#2锅炉，该锅炉是北京巴威公司引进B&W公司技术制造生产的B&WB1025/17.4-M型W型火焰锅炉。锅炉采用双进双出直吹式制粉系统，配备16个B&W公司专门用于燃用低挥发分燃料的浓缩型EI-XCL双调风旋流燃烧器。

浓缩型EI-XCL双调风旋流燃烧器结构示意图见图3.40。一次风煤粉气流在经过燃烧器弯头前，先通过一段异径管加速，大多数煤粉由于离心力作用沿弯头外侧内壁流动，在气流进入一次风浓缩器之后，使50%一次风和10%～15%煤粉分离出来，经过乏气管垂直向下引到乏气风喷口直接喷入炉膛燃烧。燃烧器配有双层强化着火的轴向调风机构，从风箱来的二次风分两股分别进入内层和外层调风器(锅炉厂设计认为内二次风产生的旋转气流可以卷吸高温烟气引燃煤粉，外

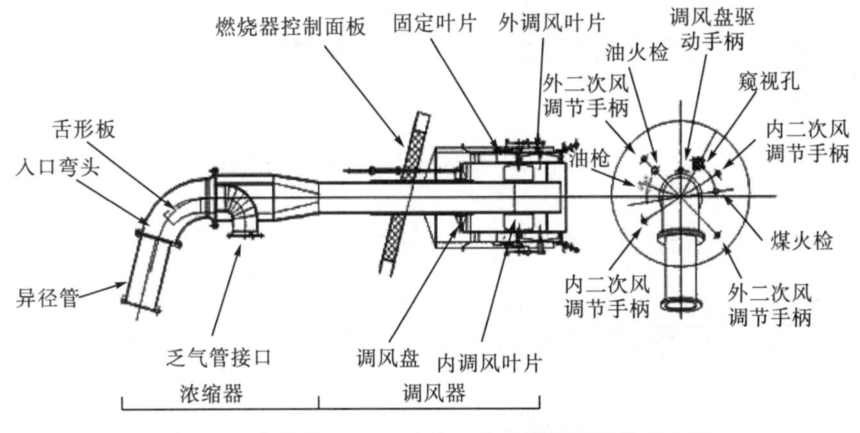

图3.40 浓缩型EI-XCL双调风旋流燃烧器结构示意图

二次风用来补充煤粉进一步燃烧所需的空气)，内、外二次风设有手动轴向可调叶片，用以改变内、外二次风的旋流强度，内、外二次风的分配比例则通过手动调节调风盘进行调整；而进入燃烧器的二次风总风量由调风套筒调节。此外，每个燃烧器下部有4个$\Phi 259\times 5$分级风管将分级风从风箱底部以45°(电厂已将其改为25°)倾角送入炉膛，形成分级燃烧。

(二)数值模拟及调整方案的研究

为使燃烧调整试验更有针对性，提高燃烧调整试验工作效率，事先进行数值模拟计算，对各种可能工况进行模拟计算和分析。

数值模拟计算结果表明，双调风旋流燃烧器的内二次风对锅炉的稳燃、燃尽有重大影响。在将内二次风全关后，燃烧器出口煤粉气流着火情况有了非常明显的改善，但是煤粉火焰的下冲有所减弱(图3.41)。在此基础上，将外二次风旋流叶片角度由设计值60°调到65°以后(此时外二次风旋流强度减弱)，煤粉火焰的下冲有明显改善，同时燃烧器出口煤粉气流着火仍然比较及时，较外二次风旋流强度减弱以前并没有明显改变。由此得到的燃烧调整方向和指导原则就是：通过关小内二次风来保证着火和稳燃，同时调整二次风旋流强度来保证煤粉火焰的下冲和燃尽。

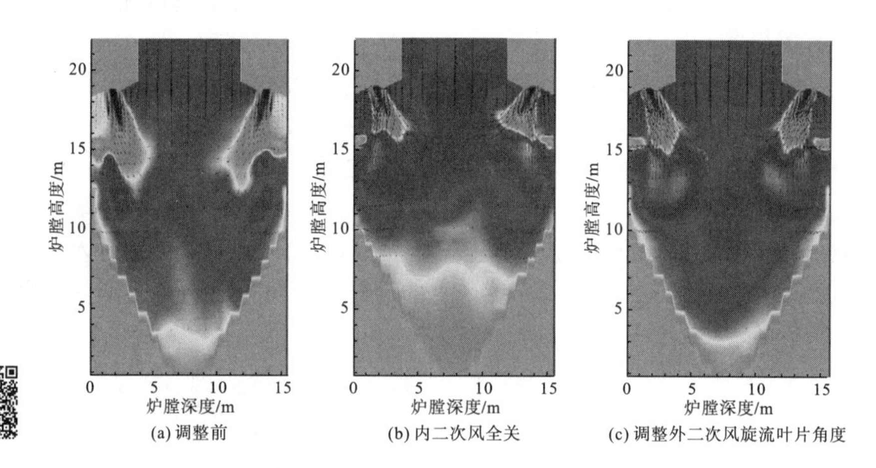

图3.41 燃烧调整工况的数值模拟计算结果

(三)热态燃烧调整试验与燃烧特性分析

在既定的调整原则指导下，共进行了12个工况的热态燃烧调整试验，各工况燃烧器设置和主要试验结果见表3.14。

表3.14　各工况燃烧器设置和主要试验结果

项目 工况	内二次风 叶片角度 /(°)	外二次风 叶片角度 /(°)	调风盘 开度 /mm	收到基 低位发热量 /(kJ/kg)	干燥无灰基 挥发分 /%	飞灰 含碳量 /%	炉渣 含碳量 /%	锅炉效率 /%
T1	40	65	150	20210	11.90	9.58	9.06	87.65
T2	30	65	150	18720	12.58	9.75	15.65	85.52
T3	50	65	150	20330	11.35	9.24	16.53	86.84
T4	40	65	180	19170	13.11	7.49	14.53	87.45
T5	40	注1	180	19980	10.9	8.39	14.53	87.76
T6	40	注2	180	20210	13.18	5.74	5.06	89.71
T7	40	65	180	19710	12.5	7.24	8.76	88.51
T8	30	注3	180	20390	12.87	6.59	4.74	89.38
T9	50	注3	180	18690	13.38	7.99	7.74	87.6
T10	40	注3	200	21890	13.82	5.95	6.32	90.62
T11	30	注3	200	20110	12.4	6.17	8.47	89.59
T12	20	注3	200	18020	14.6	6.5	7.5	88.15

注1：前墙中间4个燃烧器55°，其余45°；后墙65°。

注2：前墙55°；后墙65°。

注3：前墙左侧65°，右侧55°；后墙65°。

调整前飞灰含碳量在10%以上，锅炉效率为87.27%。表3.14中内、外二次风叶片角度是指旋流叶片与风管切向的夹角；而调风盘开度为0～200mm，200mm时内二次风比例最小。

1. 内、外二次风风量比例的影响

试验发现，内、外二次风风量比例对锅炉燃烧有重要影响。根据表3.14试验结果，通过线性回归分析对锅炉效率和飞灰含碳量与调风盘开度的关系进行分析，结果见图3.42。

由图3.42可见，随着调风盘开度增加(内二次风比例减小)，飞灰含碳量呈显著直线下降趋势，锅炉效率呈显著直线上升趋势。当调风盘开度由150mm调到200mm时，飞灰含碳量下降约3.5百分点、锅炉效率平均提高约2.8百分点。

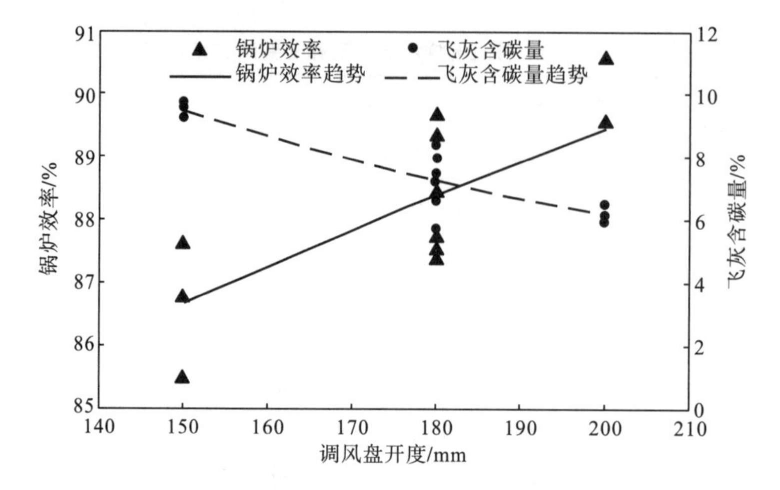

图 3.42 锅炉效率和飞灰含碳量与调风盘开度的关系

2. 内二次风叶片角度的影响

采用同样的方法对锅炉效率和飞灰含碳量与内二次风叶片角度的关系进行分析，结果见图 3.43。

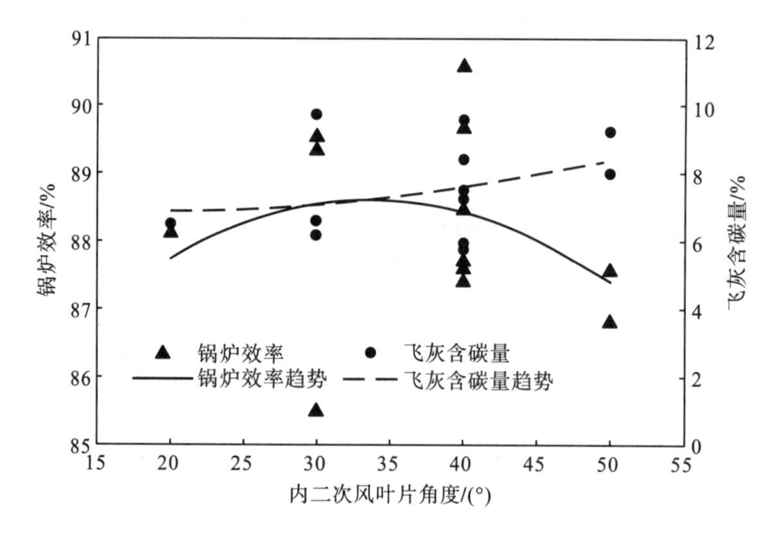

图 3.43 锅炉效率和飞灰含碳量与内二次风叶片角度的关系

由图 3.43 可见，试验数据相关性系数仅 0.1 左右，说明内二次风叶片角度的变化对锅炉效率和飞灰含碳量的影响不明显，受其他干扰因素的影响较大。

为了尽量排除其他干扰因素的影响(煤质变化带来的干扰仍无法避免)，分别对调风盘开度 150mm 和 200mm(外二次风叶片调整方式不变)时锅炉效率和飞灰含碳量与内二次风叶片角度的关系进行分析，详见图3.44和图3.45。

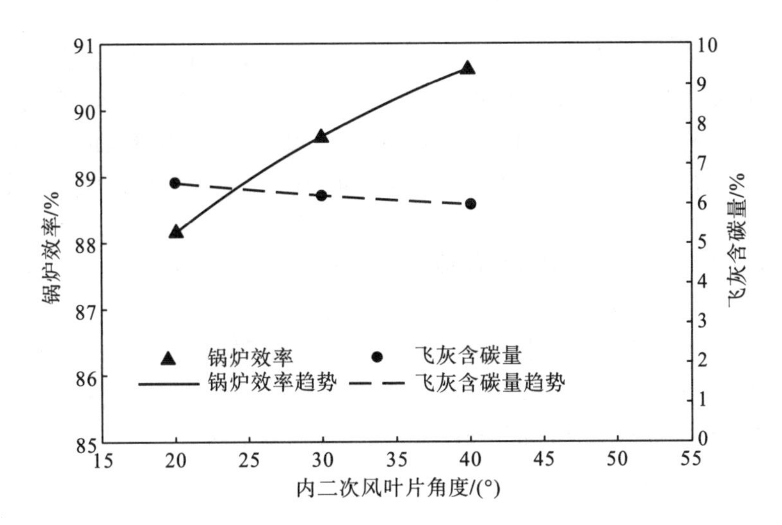

图3.44 锅炉效率和飞灰含碳量与内二次风叶片角度的关系(调风盘开度200mm)

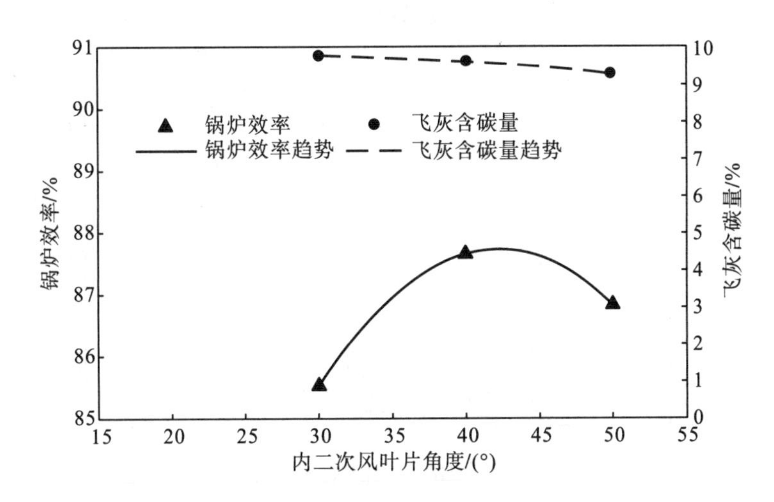

图3.45 锅炉效率和飞灰含碳量与内二次风叶片角度的关系(调风盘开度150mm)

图3.44和图3.45中，飞灰含碳量变化很小，但受煤质变化的影响，锅炉效率变化较大。图3.45中，虽然在内二次风叶片角度50°时飞灰含碳量最低，但此时炉渣含碳量较高，因而锅炉效率较低。

由图3.44和图3.45可见，锅炉效率大约在内二次风叶片角度40°时达到最大值，但内二次风叶片角度越大飞灰含碳量越低。

3. 外二次风叶片角度的影响

煤粉燃尽需要的空气主要由外二次风提供，外二次风的旋流强度(由外二次风旋流叶片角度控制)对煤粉火焰的行程、稳燃和燃尽都有重要影响，特别是在内二次风风量较小时更是如此。随着内二次风风量的减小，虽然着火情况明显改善，但火焰的下冲行程也明显减弱，此时就需要减小外二次风的旋流强度来增强煤粉火焰的下冲能力。

对锅炉效率和飞灰含碳量与前墙外二次风叶片角度平均值的关系进行线性回归分析的结果见图 3.46。

在排除煤质影响后，飞灰含碳量和锅炉效率对于前墙外二次风叶片角度平均值的相关性系数分别达到 0.8239 和 0.8354。

由图 3.46 中曲线可知，前墙外二次风叶片角度平均值在 55°~60°时飞灰含碳量最低、锅炉效率最高。

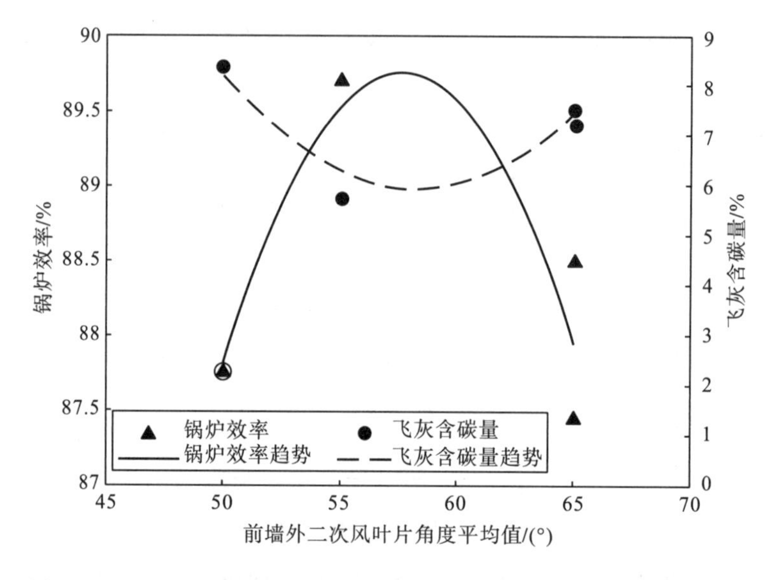

图 3.46　锅炉效率和飞灰含碳量与前墙外二次风叶片角度平均值的关系

综上所述，得到如下结论及调整原则：

(1) 内二次风风量的大小对锅炉燃烧有显著影响，较小的内二次风风量对锅炉稳燃和燃尽都十分有利，但同时需要较小的外二次风旋流强度来保证煤粉的燃尽。

(2) 在较小的内二次风风量下，内二次风旋流强度对锅炉燃烧影响不大，锅炉效率和飞灰含碳量测试结果与内二次风旋流叶片角度的相关性不强，但仍可大致看出，内二次风旋流叶片角度控制在 40°左右比较合适。

(3) 外二次风旋流强度的大小对锅炉稳燃和燃尽都有重要影响。外二次风叶片角度控制在 55°～60°比较合适，角度过小(旋流强度大)对燃尽不利，而角度过大则对稳燃不利。在实际的燃烧调整工作中，还需要根据炉膛温度分布情况对各燃烧器外二次风叶片角度进行细调，一般炉膛温度较低的一侧外二次风旋流叶片角度应小一些。此外，考虑到炉膛两侧靠边上的燃烧器下冲能力相对较弱，同时稳燃条件也较差，因此外二次风叶片角度的调整不宜采用中部燃烧器角度大、边上燃烧器角度小的方式，角度均等或边上燃烧器角度略大的调整方式效果会比较好。

第四章　大容量高参数锅炉启动节能关键技术

本技术将 600MW 超临界机组启动过程从分系统启动至整组启动的各环节有机地串接为一个整体，汽轮机和锅炉紧密配合，综合考虑节能优化措施，并在机组的启动调试过程中加以实施、验证和完善。在深入分析超临界机组结构特点的基础上，提出一系列针对超临界机组在启动过程中确实可行的优化措施，包括：①针对超临界机组对汽水品质要求高的特点，设计一套包含汽轮机和锅炉系统在内的大型火力发电机组热力设备的化学清洗系统，实现机炉侧整体清洗和分部清洗灵活切换，并减少临时系统和临时设备。该方案既节约大量能源又缩短机组的分系统启动工期。②针对传统热力系统冲洗方法的不足，提出创新性改进措施，研究出带炉水循环泵的直流锅炉水冲洗方法，减少冲洗所用除盐水耗量和冲洗时间。③提出大型火力发电厂高、低压加热器的汽轮机侧冲洗方法及装置，使机组后续运行的汽水品质得到保障。④通过对超临界机组蒸汽吹洗现有技术的研究、现场实际吹管系统的合理布置及吹管方式的改进，研究出带旁通管的 W 火焰 600MW 超临界直流锅炉降压吹管方式，保证吹管质量、减少吹管次数、节约大量燃油。⑤充分挖掘 600MW 超临界机组在启动带负荷过程中存在的节能优化空间和安全保障措施[49]，包括汽轮机冷态启动参数的优化选择、机组启动各阶段锅炉侧受热面防超温控制的技术措施以及机炉配合过程中的控制技术等。通过上述技术，安全有效地缩短启动时间，提高机组调峰带负荷能力[50]，实现机组节能降耗。

第一节　分系统启动阶段

超临界机组分系统启动阶段存在能耗高、时间长等主要问题。该问题主要集中在机组热力系统清洗、锅炉蒸汽管道吹洗这两个环节上[51]。

一、超临界直流锅炉热力系统清洗技术优化

超临界机组因温度、压力等参数的提高，盐分及杂质的溶解与沉积特性发生显著变化，对机组设备运行的影响较大。严格控制试运各阶段的汽水品质，对机组安全稳定运行具有重要意义。

目前，国内常见的超临界机组热力系统清洗存在以下问题：①化学清洗时需要增加临时清洗泵；②汽轮机侧和锅炉侧的碱洗不能有效串接起来；③化学清洗后的水冲洗没有充分考虑到汽轮机侧和锅炉侧相互影响和污染的问题；④化学清洗后的水冲洗分为点火前冷态冲洗和点火后热态冲洗。冷态冲洗采用偏低的水温和偏低的省煤器入口流量连续进行冲洗，造成盐分不能充分溶解、残余物不容易冲出系统，故冷态冲洗耗时长、耗水量大。而且锅炉点火后水质会很快恶化，使热态冲洗时间延长，增加燃油消耗。

汽轮机侧热力系统的清洁是凝结水和给水品质的保障，也是锅炉侧开展系统清洗的基础。汽轮机侧清洗和锅炉侧清洗既有各自独立进行的阶段，也有串接为一个整体进行清洗的阶段。如何合理安排汽轮机和锅炉热力系统清洗的分与合，应从节省清洗所需除盐水、药品、燃料消耗量和缩短清洗耗时等方面进行综合考虑。

(一)热力系统清洗循环回路的研究和设计

针对上述问题进行专项研究，建立了超临界机组联合清洗循环回路系统，如图 4.1 所示。

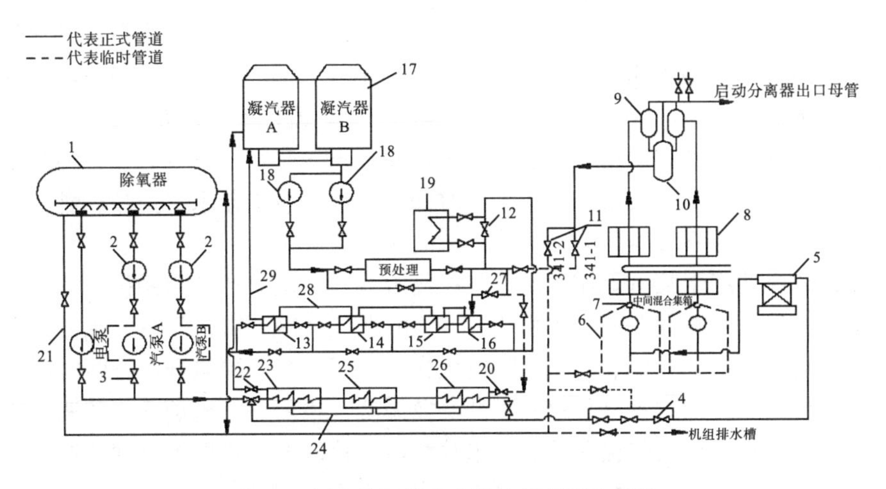

图 4.1 超临界机组联合清洗循环回路系统

1-除氧器；2-清洗泵(汽泵前置泵)；3-清洗泵出口门；4-高压给水电动门；5-省煤器；6-下水冷壁；7-水冷壁中间混合集箱；8-上水冷壁；9-分离器；10-储水箱；11-储水箱溢水阀(341 阀)；12-轴封加热器水侧电动门；13-＃5 低压加热器；14-＃6 低压加热器；15-＃7 低压加热器；16-＃8 低压加热器；17-凝汽器；18-凝结水泵；19-轴封加热器；20-＃3 高压加热器紧急疏放水阀；21-除氧器溢放水管；22-＃1 高压加热器紧急疏放水阀；23-＃1 高压加热器；24-高压加热器疏水管道；25-＃2 高压加热器；26-＃3 高压加热器；27-＃8 低压加热器正常疏水阀；28-低压加热器疏水管道；29-＃5 低压加热器紧急疏放水管

通过临时系统的连接，清洗液的循环动力由凝结水泵和汽泵前置泵提供，不需要增加临时清洗泵。整个系统形成以下4个清洗回路：

(1)汽轮机锅炉联合清洗大循环回路：除氧器→清洗泵(汽泵前置泵)→清洗泵出口管→高压给水系统→省煤器→下水冷壁→水冷壁中间混合集箱→上水冷壁→分离器→储水箱→储水箱放水管线1→临时管道→凝结水主管线→低压给水系统→除氧器。

(2)凝结水系统清洗循环回路：凝汽器→凝结水泵→精处理旁路→轴封加热器→#8、#7、#6、#5加热器及旁路→除氧器水箱→除氧器溢放水管→机组排水槽。

(3)高压加热器汽侧管路清洗循环回路：凝汽器→凝结水泵→精处理旁路→临时管→#3高压加热器紧急疏放水阀→#3高压加热器汽侧→#2至#3高压加热器疏水管道→#2高压加热器汽侧→#1至#2高压加热器疏水管道→#1高压加热器汽侧→#1高压加热器紧急疏放水管→凝汽器。

(4)低压加热器汽侧管路清洗循环回路：凝汽器→凝结水泵→精处理旁路→#8低压加热器正常疏水阀→#8低压加热器正常疏放水→#8低压加热器汽侧→#7至#8低压加热器疏水管道→#7低压加热器汽侧→#6至#7低压加热器疏水管道→#6低压加热器汽侧→#5至#6低压加热器疏水管道→#5低压加热器汽侧→#5低压加热器紧急疏放水管→凝汽器。

与传统的热力设备化学清洗技术相比，本系统充分利用原有设备提供化学清洗循环动力，不需要增加临时清洗泵，整个系统可以形成多个循环回路，清洗范围囊括全部热力设备，各循环回路切换简单、灵活，既能实现汽轮机侧单独清洗，也可以实现汽轮机侧和锅炉侧的联合清洗。整个系统临时系统少、没有临时动力设备、施工量小，节省大量施工成本和时间，节约大量除盐水、药品、燃料消耗和清洗时间，增加系统隔断的可靠性，从而保证清洗质量。

该系统成功用于某600MW超临界机组分系统启动阶段热力系统清洗。步骤按“水冲洗”→“碱洗”→“水冲洗”→“酸洗(EDTA清洗)”→“水冲洗”→“锅炉启动”进行。分部清洗调试阶段优先冲洗凝汽器及除氧器，待两容器冲洗合格后，再进行机炉侧各自系统的水冲洗及碱洗，最后进行机炉联合酸洗。化学清洗后、锅炉点火启动前也必须进行水冲洗，此阶段汽轮机侧先单独冲洗，当汽轮机侧冲洗至Fe^{+}≤500μg/L时，进入汽轮机锅炉联合冲洗。

(二)超临界直流锅炉水冲洗

水冲洗是机组热力系统化学清洗后、机组整组启动前的主要冲洗阶段，也是耗水、耗时、耗燃料较大的环节，是超临界机组启动过程技术优化的重点内容。国内通常采用EDTA清洗进行热力系统酸洗。EDTA清洗的好处是酸洗和钝化一体化，省去了酸洗结束水冲洗达到条件后再重新配置锅炉保养液的过程，但排放药液时黏附在管壁或容器内壁的残余物(如EDTA、缓蚀剂、铁络合物等固形物)

较多，在联箱等容器底部有少量残留液。因而，在 EDTA 清洗液排放后，金属表面除了一层钝化膜外，还会有一层 EDTA 和铁络合物的附着物，而且放置时间越长，这层附着物黏附越牢，导致水冲洗困难。

1. 目前国内超临界机组的冲洗方法及其存在的不足

国内 600MW 超临界机组启动前水冲洗一般分为冷态开式冲洗、冷态循环冲洗和热态冲洗三个阶段，冲洗步骤介绍如下。

(1) 冷态开式冲洗。当除氧器出口给水中 Fe^{+}含量小于 500μg/kg 时，开始向锅炉上水并进行冷态冲洗，上水温度为 20～70℃，控制上水速度 200t/h(约10%BMCR)左右，储水箱中水位到高水位区间(8.6～14.3m)后，将给水泵流量增至 30%BMCR，冲洗水排到疏水扩容器，进行冷态开式冲洗，当分离器出口给水中 Fe^{+}含量小于 500μg/kg 时，关闭疏水阀。

(2) 冷态循环冲洗。启动炉水循环泵，调整给水流量到 400t/h，省煤器入口流量约 800t/h，开始大流量循环冲洗。给水经省煤器、炉膛和水冷壁出口混合集箱到分离器和储水箱，经溢流阀回到凝汽器。当分离器出口给水中 Fe^{+}含量小于 100μg/kg 时，结束冷态循环冲洗。

(3) 热态冲洗。锅炉点火后升温至 190℃，维持给水流量 0～300t/h、省煤器入口流量 500～800t/h，按照冷态循环冲洗回路进行热态冲洗。调节燃油量和溢流阀开度(排水量)，维持水冷壁出口温度在 170～190℃，直至分离器出口给水中 Fe^{+}含量小于 50μg/kg，水质合格后锅炉继续升温升压。

根据资料统计，按上述常规方法进行冲洗，一般需要 6～7 天，除盐水耗水量达 20000t 以上。常规操作锅炉水冲洗所需时间和水量如表 4.1 所示。

表 4.1 常规操作锅炉水冲洗所需时间和水量

冲洗阶段	冲洗耗时/天	冲洗耗水量/t
冷态开式冲洗	2～3	6000～9000
冷态循环冲洗	2.5～4	6000～8000
热态冲洗	0.5～2	2000～6000
总计	5～9	14000～23000

2. 针对不足进行的分析研究

机组热力系统常规方法水冲洗耗时长、耗除盐水量大的主要原因在于冲洗方法有不足之处。省煤器入口冲洗流量大部分时段都偏小，造成水冷壁和省煤器管内冲洗水流速偏低[52]、动量偏小，难以将杂质带出系统；采取稳定流量持续冲洗，过程中流量基本不变，不易将水冷壁联箱死角区或涡流区的杂质带出；冲洗水温偏低，不利于盐分和附着物的充分溶解。根据分析，提出以下解决思路：

(1) 保证大流量。热力系统化学清洗结束后，残余物容易积存在容器和管道的底部和死角，因此需要通过大流量冲洗才能产生足够的扰动能量将残余物带出系统。根据经验，热力系统水冲洗时应尽量保证省煤器入口流量大于 1100t/h。

从锅炉热力系统的结构分析，水冲洗不容易冲洗干净的部件主要是省煤器(蛇形管)、下水冷壁(内螺纹管)、上水冷壁。600MW 超临界机组上述部件的截面积如表 4.2 所示。

表 4.2 省煤器管道截面积

名称	管子规格/mm	并列管数/根	总流通面积/m^2
下水冷壁	$\Phi30\times5.4$	1854	0.537
上水冷壁	$\Phi28\times6.5$	1830	0.323
省煤器	$\Phi51\times7$	564	0.606

省煤器入口冲洗流量与冲洗流速的关系如表 4.3 所示。

表 4.3 省煤器入口冲洗流量与冲洗流速的关系

名称	冲洗流速/(m/s)		
	流量 500t/h	流量 800t/h	流量 1100t/h
下水冷壁	0.259	0.414	0.569
上水冷壁	0.430	0.688	0.946
省煤器蛇形管	0.229	0.367	0.504

(2) 维持高水温。水冲洗时应维持较高水温，有利于残余物和盐分的溶解。当水温过低时，即使冷态冲洗合格，一旦锅炉点火，水温升高后 Fe^{+}含量又会很快上升。

(3) 流量和温度要变化。流量和温度的变化有利于使附着的锈蚀物剥离，同时流量的变化也能为除氧器加热赢得时间，否则一直保持大流量水冲洗，水温无法得到保障。

(4) 按要求加药。水冲洗期间，按机组正常运行时给水品质的要求进行加药。

3. 方案制订

为了提高水冲洗效果、充分发挥设备潜力，提出了间歇式大流量、高水温冲洗与冲洗前期整炉放水相结合的方法，并在冲洗期间对给水进行加药处理，保证给水品质。相较于目前国内常用的水冲洗方法，有效解决了超临界直流锅炉水冲洗时间长、耗水量大的问题。

间歇式大流量冲洗：给水泵和炉水循环泵共同向省煤器入口进水，提高水冷壁冲洗流量，此为大流量冲洗。除氧器水温下降后停止给水泵向省煤器进水，单独用炉水循环泵进行闭式循环冲洗，待除氧器水温回升后再次进行大流量冲洗[53]。这样首先，大流量冲洗时能提高冲洗动量，有利于带出杂物；其次，利用流量和水温的变化加大扰动和剥离；最后，利用间歇期提高除氧器水温，使每次大流量冲洗都有较高的水温，利于系统内盐分的充分溶解，解决了机组启动初期除氧器加热热源不足、连续大流量冲洗水温得不到保障的问题。

典型超临界机组锅炉启动冲洗系统如图 4.2 所示。

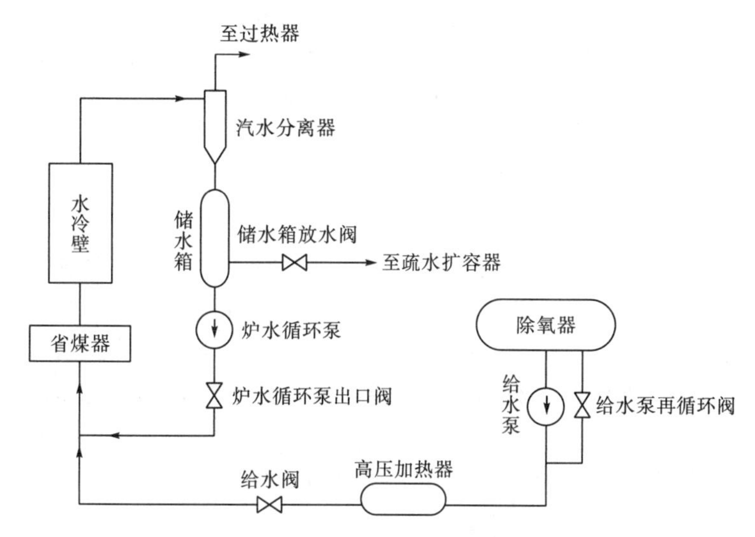

图 4.2 典型超临界机组锅炉启动冲洗系统

水冲洗流程分为两路。第一路为开式冲洗：除氧器→给水泵→高压加热器→给水阀→省煤器→水冷壁→汽水分离器→储水箱→储水箱放水阀→疏水扩容器→疏水箱→排放。第二路为循环冲洗：储水箱→炉水循环泵→省煤器→水冷壁→汽水分离器→储水箱。

主要冲洗方法和步骤如下：

(1) 除氧器加热至 90℃，锅炉上水，上水初期打开所有锅炉侧疏水阀。

(2) 储水箱水位上升到高水位后，关闭锅炉侧疏水阀，启动炉水循环泵。

(3) 提高给水泵出口流量和炉水循环泵出口流量，省煤器入口流量达到 1000t/h 以上，按第一路流程进行大流量冲洗排放。

(4) 除氧器水温降至 70℃，停止锅炉上水，维持炉水循环泵出口流量为 500t/h，按第二路流程进行循环冲洗。

(5) 循环冲洗 30～60min 后，锅炉整炉放水。

按上述步骤重复 2～3 次，即冲洗前期结合间歇式大流量冲洗，锅炉整炉放水 2～3 次。随后按以下步骤进行：

(1) 除氧器加热至 90℃，维持给水 PH 为 9.4～9.6，锅炉进水。

(2) 提高给水泵出口流量和炉水循环泵出口流量，省煤器入口流量达到

1100t/h 以上，按第一路流程进行大流量冲洗排放。

(3)除氧器水温降至 70℃，停止锅炉上水。维持炉水循环泵出口流量为 500t/h，按第二路流程进行循环冲洗。

(4)除氧器维持高水位加热

(5)重复上述步骤(1)～(4)，直至水质合格，锅炉点火进行热态冲洗。

热态冲洗时同样不能采取小流量连续冲洗的方式，否则燃油消耗量巨大，也应采取间歇式大流量冲洗，即锅炉点火后炉水升温至 190℃时开始大流量进水、排污，至水冷壁温度降至 180℃时停止给水泵进水，炉水循环泵进行闭式循环冲洗至水冷壁温度回升至 190℃，再次大流量冲洗。

4. 方案实施情况

某电厂两台超临界机组均采用了上述冲洗方案，#1 机组冲洗前期，方案还处于试验完善阶段，耗时和耗除盐水量稍大。#2 机组冲洗时方案趋于完善，耗时和耗除盐水量明显下降。#1 机组冷态及温态水冲洗耗时 4 天，热态水冲洗耗时 5h，共消耗除盐水约 12000t；#2 机组冷态及温态水冲洗耗时 3 天，热态水冲洗耗时 4h，共消耗除盐水约 8000t。

某电厂#2 机组启动前期水冲洗情况如表 4.4 所示。

表 4.4 某电厂#2 机组启动前期水冲洗情况

冲洗方式	冲洗次数	省煤器入口流量/(t/h)	除氧器水温/℃	储水箱 Fe^{+}/(μg/L)	备注
冷态冲洗	1	1156	100	3000	整炉放水
	2	1100	94	2200	整炉放水
	3	1100	95	1500	整炉放水
	4	1200	95	1260	—
	5	1150	96	1090	—
	6	1150	94	825	—
	7	1150	95	716	—
	8	1150	96	585	—
	9	1150	96	796	冲洗水排至凝汽器经精处理回收
	10	1150	94	725	—
	11	1150	95	615	—
	12	1150	96	485	—
	13	1210	90	340	—
	14	1200	96	111	—
	15	1200	95	65	—
锅炉点火后热态冲洗	1	1156	100	260	—
	2	1100	94	67	—
	3	1200	95	19	—

5. 研究结论

冲洗的关键在于两点：一个是流量，另一个是水温。大流量冲洗一次，相当于对整个炉水置换一遍。在除氧器加热阶段，维持炉水循环泵出力进行循环冲洗，起到变流量冲洗效果。与现有技术相比较，间歇式的高水温、大流量水冲洗方法有以下优点：

(1)冲洗时间短。冲洗时间为3～4天，比常规冲洗方法的5～9天节约大量时间。

(2)耗水量少。采用间歇式水冲洗方法，虽然冲洗时排放水量大，但由于冲洗时间短，所以整体节约大量冲洗水。常规方法需消耗约20000t除盐水，损失大量热量，而本方法只需约10000t除盐水。同时，由于节约热态冲洗时间，燃油消耗大大减少。

另外，本方法不仅适用于机组首次启动的热力系统水冲洗，还适用于生产机组检修后启动的水冲洗。

二、超临界直流锅炉吹管技术

锅炉蒸汽管道吹扫(简称“吹管”)是新建机组首次启动过程中的一个重要分系统节点。通过吹管将制造、运输、安装等过程中遗留在锅炉蒸汽管道内的残渣、杂物、附着物及锈蚀物清除，确保进入汽轮机的蒸汽品质达到要求。

超临界直流锅炉在结构和运行方式上与亚临界汽包锅炉有很大区别，由于超临界直流锅炉没有汽包，锅炉水容积在受热面总容积中所占比例较亚临界汽包锅炉小，造成超临界直流锅炉金属蓄热及水系统工质蓄热远小于亚临界汽包锅炉，因此在锅炉蒸汽管道吹洗方案的选择和操作工艺上必须考虑该因素的影响。

目前，国内在超(超)临界机组吹管上一般采用稳压或降压两种吹管方式，两种吹管方式各有利弊。我国引进超临界机组的前期大部分采用稳压吹管方式，近年来有不少机组采用降压吹管方式或降压吹管方式与稳压吹管相结合的方式，但国内采用降压吹管方式的超临界机组采取一阶段降压吹管的很少，一般为二阶段降压吹管。

由于全世界首台W型火焰超临界直流锅炉(北京巴威公司产品)是2009年才在国内投运，之前国内超临界直流锅炉基本燃用烟煤、贫煤，其中相当一部分配有微油点火装置或等离子点火装置，为吹管期间投入煤粉燃烧创造了条件，所以我国有不少超临界机组采用投粉吹管。由于W型火焰锅炉燃用的是无烟煤，不易着火，所以不适宜配置等离子点火装置。如果没有合适的微油点火装置，采用投粉吹管不会有大幅度的收益，所以仍宜采用纯燃油一阶段降压法进行吹管。

从收集到的资料来看，目前国内采用纯燃油一阶段降压法进行吹管的超临界机组较少，主要存在耗油量大(一般为600t以上)、吹管系数偏低、吹管有效时间短、补水操作难度大(储水箱水位不易控制)等问题[54]。本书就纯燃油一阶段降压法吹管进行深入研究，从系统布置、参数控制、补水操作等方面着手，对方案进行了优化，实施后节能效果显著。

另外，目前电站锅炉减温水系统一般采用两种冲洗方法：方法一是全程采用水冲洗，即在减温器之前断开正式管道，用临时管道接至安全处，启动给水泵，使高压除盐水经过全部减温水系统至临时管道排出；方法二是以减温水联箱为界，其中给水泵出口至减温水联箱段采用水冲洗，冲洗水从减温水联箱疏水管排至地沟，减温水联箱至减温器段采用蒸汽反冲洗，利用锅炉点火后产生的蒸汽从减温器倒冲至减温水联箱，最后蒸汽从减温水联箱疏水管排至地沟。上述两种冲洗方法有很大弊端。方法一无法对减温器进行冲洗，减温器结构比较复杂，减温水喷口是多孔结构，减温器的制造加工遗留物较多。方法二虽然解决了方法一的问题，使全部减温水系统都得到了冲洗，但冲洗效果不好。因为冲洗的除盐水或蒸汽都是经过减温水联箱疏水管排至地沟，而减温水联箱疏水管内径只有 16～24mm，远小于减温水管道内径(一般在 45～80mm)，冲洗流量受到严重限制，冲洗动量严重不足，很多附着物无法从减温水系统中冲洗出来。以上两种方法都无法将减温水系统冲洗干净，可能导致杂物进入锅炉高温受热面或者汽轮机，引起蒸汽品质恶化，严重时会造成锅炉高温受热面超温爆管或者汽轮机叶片损伤。

(一)结合工程具体情况对比几种吹管方案

1. 稳压吹管和降压吹管的对比

1)稳压吹管的优点

(1)吹管系数有保证。由于超临界直流锅炉蓄热小，降压吹管的吹管系数达到 1.4 以上的时间较短，所以国内普遍认为稳压吹管是最佳选择。

(2)水冷壁水动力工况的稳定性更容易保证(现在有资料不认可该观点，因为辅助汽源需主要用于保障机组启动过程中，除氧器的加热用汽、轴封用汽和汽动泵组调试用汽，若采用稳压吹管，常常需要同时投入一台给水泵和一台汽泵运行，除氧器的加热蒸汽量必定减小，而锅炉的连续大量补水会造成除氧器水温低，大量冷水进入水冷壁，将造成水冷壁入口给水欠焓增大，出现流动不稳定的特性)。

(3)提前检验辅助系统。提前投入制粉系统，提前暴露系统缺陷，为机组整套启动打下基础。

(4)对厚壁元件、水冷壁管的温度交变应力影响小。部分厂家对水冷壁管温度变化速率有限制，如 MBEL 公司在邹县 1000MW 机组上规定水冷壁的温降速率不大于 4℃/min。

(5)由于稳压吹管一般需转为直流运行(也有不转为直流运行，通过维持燃料量、控制临控门开度维持压力，但此种方法蒸汽流量偏小，吹管系数往往达不到要求)，为调试人员和操作人员提供了此项操作的预演机会。

(6) 停炉次数多，有利于管道内氧化锈皮的脱落，保障吹洗效果。

2) 稳压吹管的缺点

(1) 因需要转为直流运行，而吹管压力又较低，给水温度也偏低，故需要的燃料量较大，这使得减温水量较大，可能超过 BMCR 设计流量，在部分工程上甚至要求增加一路减温水管道。

(2) 稳压吹管的大量补水超过了水处理能力，需要事先预备大型的储水箱和水泵进行补水。

(3) 为满足吹管流量，稳压吹管时一般需要同时投入一台给水泵和一台汽泵，投用汽泵要求汽轮机侧投入更多的辅助系统[55]。小汽轮机和锅炉大量连续给水加热需要大量辅汽，在新建工程中首台机组仅靠启动锅炉的有限出汽量，无法满足要求。

(4) 水冷壁存在超温风险。转直流操作是在较低蒸汽流量和给水流量下进行的，同时，吹管过程中减温水用量很大，造成水冷壁入口流量降低，也易造成水冷壁超温。

(5) 根据国内超(超)临界机组稳压吹管经验，要达到良好的吹洗效果，主蒸汽温度需要提高至 500～510℃。该温度对于吹管临时系统的管材提出了更高的要求。

(6) 稳压吹管要求炉侧输煤系统、制粉系统、除灰除渣系统均能投运，条件限制较多。

(7) 因为稳压吹管涉及的系统较多，操作过程长，且受到除盐水量和燃料量的限制，国内绝大多数采用稳压吹管的工程都是每天仅能吹管一次，所以整个吹管过程漫长，大多需要 6～7 天，不利于缩短工期。

3) 降压吹管的优点

(1) 操作简单，要求投入的系统少。

(2) 从国内的经验看，水冷壁水动力工况能得到保证[56]。

(3) 可以灵活调节燃料量，能有效避免水冷壁超温。

(4) 吹管总的用时少，节约工期。

(5) 每次吹管期间，压力、温度急剧变化引起的热冲击和动力冲击有利于增强吹管效果。

4) 降压吹管的缺点

(1) 吹管系数大于等于 1 的有效吹管时间可能较短。

(2) 储水箱水位的控制需要多次试吹摸索，临控门关闭时水位过低将会造成炉水循环泵跳泵[57]。

(3) 每次吹管，压力和温度的急剧变化构成一次应力循环，金属寿命损耗较稳压吹管大。

(4) 输煤、除灰除渣系统、制粉系统得不到提前考验，如果系统缺陷较多，则对后续的整套机组启动不利。

2. 投粉吹管与纯燃油吹管的对比

1) 投粉吹管的优点

(1) 提前考验制粉系统，可为整套机组启动奠定基础。

(2) 节约燃油，主要对燃用烟煤、贫煤、褐煤的锅炉或配置了等离子点火装置、微油点火装置的锅炉有明显节油效果。对于没有微油点火装置、燃用无烟煤的锅炉，投粉前需要足够高的炉内燃烧强度，且 W 型锅炉油枪对煤粉的引燃和支撑作用较弱，投粉后为保证不熄火或不发生大量煤粉沉积造成爆燃，不能撤除油枪，因此节油效果大打折扣。

2) 投粉吹管的缺点

(1) 由于吹管阶段对锅炉燃烧负荷有严格限制（否则易出现超温），所以此阶段投粉会造成大量煤粉燃烧不好，锅炉对流受热面包括空预器、电除尘极板易受到污染，对以后的运行不利。

(2) 一旦炉内燃烧组织不好，大量煤粉未燃而又没有得到及时疏导，易引发炉膛爆炸或尾部二次燃烧等恶性事故，如果大部分煤粉燃烧很好，则又容易造成超温。因此，对锅炉燃烧组织方式有较高的要求，既要严格控制好炉内燃烧强度，又要有切实可行的措施防止煤粉堆积。

3) 纯燃油吹管的优点

(1) 涉及的系统少，控制相对简单。

(2) 安全风险小。

(3) 受热面、空预器、电除尘极板的污染小。

4) 纯燃油吹管的缺点

燃油耗量大，不能提前考验制粉系统，不利于及早发现系统缺陷并予以消除。

（二）某新建项目工程采取的吹管方法

通过对比分析，结合某新建项目工程实际情况和节点工期要求，作者认为采用纯燃油降压吹管利大于弊。根据以上分析，确定了以下解决思路：

(1) 采用本书专利技术“大型电站锅炉降压吹管系统”，在吹管临时系统上进行优化布置：在集粒器前增加一路排汽管，并在吹管合适阶段将集粒器排渣管作为排汽管使用。在吹洗时，过热器系统内的杂物和一部分气体从排渣管和旁通管排出，减小过热器系统内的蒸汽流动阻力，从而加强对过热器系统的吹洗；另一部分蒸汽则通过集粒器沿蒸汽管道对再热器系统进行冲洗，使过热器系统和再热器系统同时吹洗合格。这种系统布置既综合体现了二阶段降压法和一阶段降压法的优点，又避免了这两种方法各自的不足，不仅保证了过热器系统较高的吹管系数，又使得过热器系统和再热器系统得到同时吹洗，可以大幅提高过热器吹管系数。

(2) 适当提高临控门开启前的吹管参数，吹管过程中维持较高的蒸汽温度，这样也有利于提高吹管系数。

(3)采用特殊措施完成吹管期间的锅炉补水操作，增加低参数下的试吹次数，初期宁可储水箱水位高些也要尽量避免水位低跳泵。通过多次试吹，使运行人员熟练掌握储水箱水位控制方法。

(4)严密监控储水箱壁温差和温降的幅度，降低热冲击对金属寿命的影响。

(三)研究方法

1. 理论计算

应用工程热力学和流体力学的相关公式，计算吹管蒸汽压力、温度对吹管系数的影响。

2. 类比优选

收集国内超临界机组吹管资料，结合本工程数值计算结果、系统材质要求和临时系统强度核算，确定最佳吹管参数。

3. 现场试验

1)炉水循环泵强制循环系统特性试验

开展炉水循环泵强制循环系统特性试验研究，得到炉水循环泵出口调节阀(381 阀)与泵出口流量的特性曲线，见图 4.3。

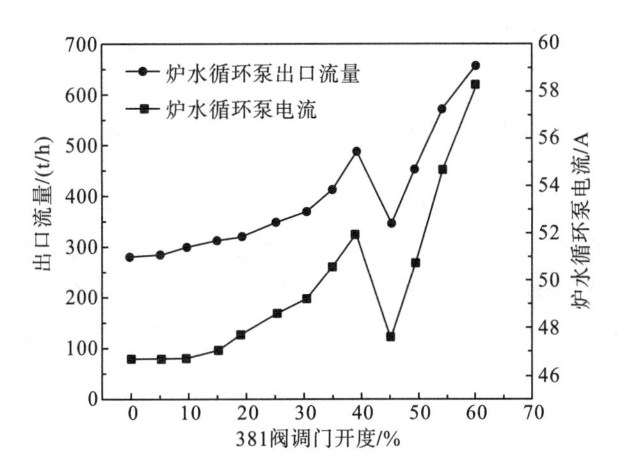

图 4.3 炉水循环泵出口调节阀(381 阀)与泵出口流量的特性曲线

研究还得到储水箱压力与炉水循环泵出口流量和炉水循环泵进出口压差的对应关系，见图 4.4 及图 4.5。

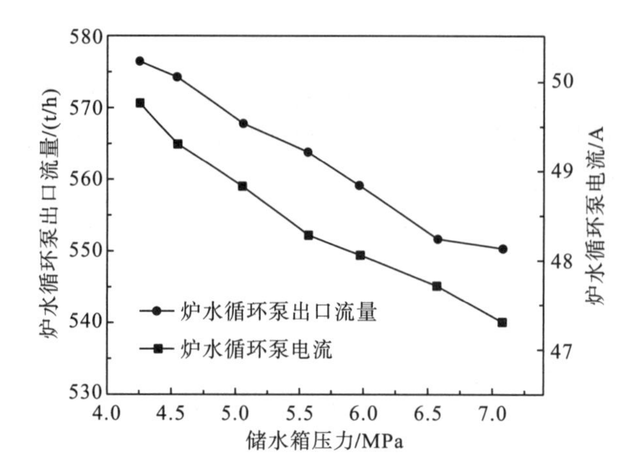

图 4.4 储水箱压力对炉水循环泵出口流量及电流的影响

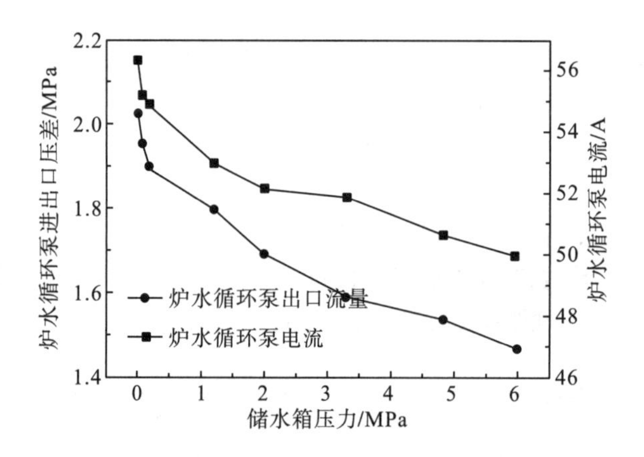

图 4.5 储水箱压力对炉水循环泵进出口压差及电流的影响

2)不同运行方式下吹管系数研究

实际吹管过程中，通过开启和关闭集粒器前旁通排汽管及排渣管手动门，对比吹管系数的变化，确定旁通排汽管和扩容后的排渣管对吹管系数的影响。

上述研究为确定吹管参数、优化吹管系统、制订吹管期间补水方案提供了充实的依据。

(四)技术方案主要内容

1. 吹管方式与方法

1)吹管方式

吹管采用主蒸汽和再热蒸汽系统串联的一阶段降压吹管方式。为增加过热器系统吹管系数，在临控门后与集粒器前之间的临时管道上接一排汽支管，排汽由一临时手动门控制经临时管引至安全处排大气。另外，将排渣管直径增加到194mm，系统布置见图4.6。

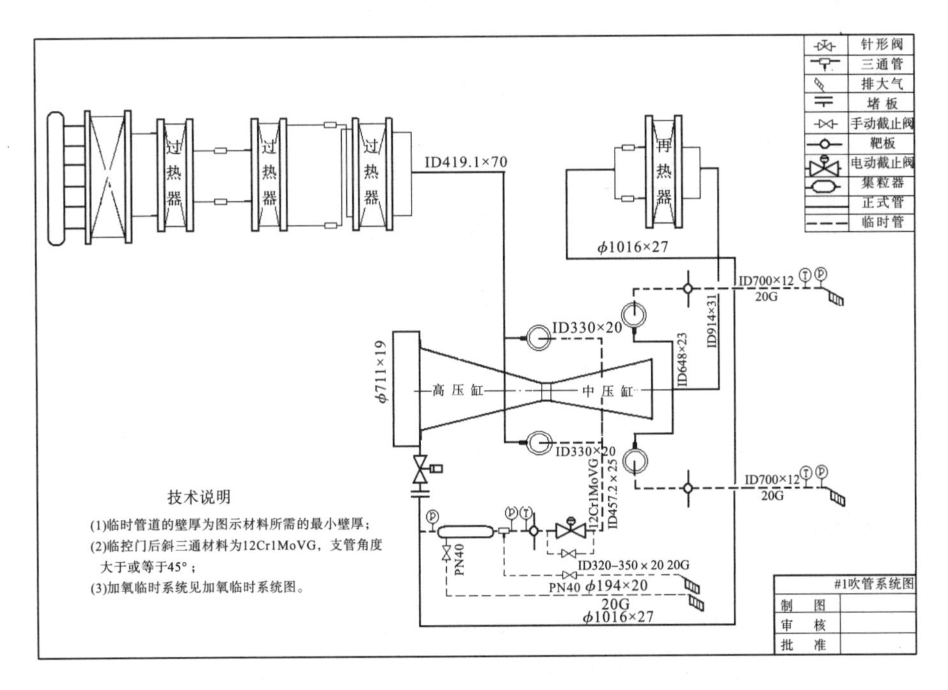

图4.6 某电厂蒸汽管道一阶段降压吹管系统布置(单位：mm)

蒸汽流程为：分离器→分离器出口母管→过热器→主蒸汽管→高压自动主汽门(堵板)→临时管→临控门→靶板→集粒器→冷段再热蒸汽管道→再热器→热段再热蒸汽管道→临时管→靶板→临时管排大气。

2)针对减温水管道冲洗提出优化方案

针对常规减温水管道冲洗方法的不足，提出系统优化方案，见图4.7。

采用临时管的方法使锅炉减温水系统得到完全和充分的冲洗，临时管7位于减温水管道的两个电动门(4和5)之间，并且使临时管内径大于减温水管内径。巧妙地利用临时管的作用，轮换开启和关闭电动门4和电动门5，可以使锅炉减温水系统得到完全和充分的冲洗。其主要思路为：减温水管路的调节门(设计安装在电动门4和电动门5之间)暂不安装，电动门4和电动门5之间以短管连接。给水泵1至电动门4之间的减温水系统采用水冲洗，电动门5至减温器6之间的减温水系统采用蒸汽反冲洗。

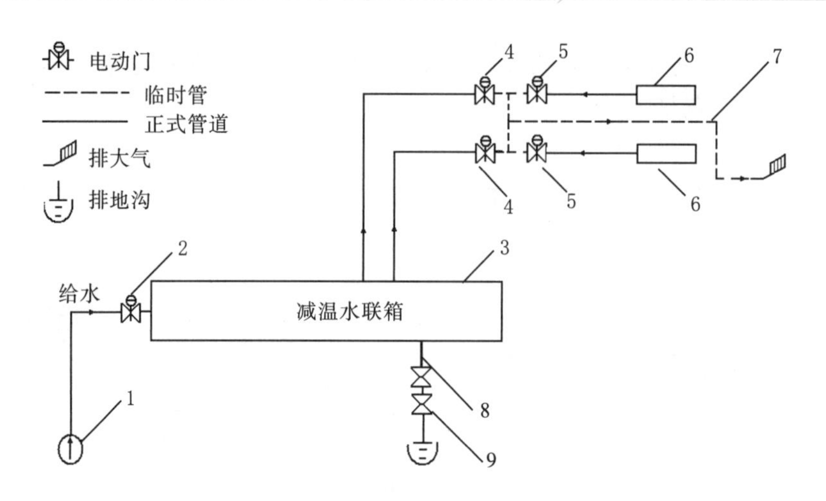

图 4.7　减温水系统冲洗图

1-给水泵；2-减温水总管电动门；3-减温水联箱；4-电动门；5-电动门；6-减温器；7-临时管；8-减温水联箱疏水管；9-减温水联箱疏水手动门

冲洗步骤如下。

第一路水冲洗：

(1)全开减温水总管电动门 2 和减温水联箱疏水手动门 9；

(2)电动门 4 和电动门 5 保持关闭；

(3)启动给水泵 1；

(4)缓慢开启电动门 4，直至全开；

(5)提高给水压力冲洗 10～20min，逐渐关闭电动门 4；

(6)重复上述过程 2 次。

第二路蒸汽反冲洗：

(1)减温水总管电动门 2 保持关闭；

(2)电动门 4 和电动门 5 保持关闭；

(3)锅炉点火，蒸汽压力升至 4.0MPa 左右；

(4)缓慢开启电动门 5，直至全开；

(5)维持蒸汽压力冲洗 10～20min，逐渐关闭电动门 5；

(6)重复上述过程 2 次。

冲洗路径如下。

第一路水冲洗：给水泵 1→减温水总管电动门 2→减温水联箱 3→电动门 4→临时管 7→排大气。

第二路蒸汽反冲洗：蒸汽→减温器 6→电动门 5→临时管 7→排大气。

3) 中间停炉

吹管过程中至少安排一次停炉，时间大于 12h，利用温度的大幅度变化促使受热面氧化皮脱落。

2. 吹管参数控制

1) 启闭临控门时的蒸汽参数

提高临控门开启时的蒸汽参数(常规一般按 5.0～6.0MPa 控制)。

当临控门开启时,分离器出口母管压力在 6.5～7.5MPa,主蒸汽温度在 370～430℃较为适宜。临控门关闭后,分离器出口母管压力在 3.5～4.0MPa,主蒸汽温度一般小于 430℃,吹管压降以分离器和储水箱内饱和温度降低不超过 42℃为准,吹管系数应大于 1,即要求压差比大于 1.4。

2) 关闭临控门的时机

吹洗开始后当低温过热器入口汽温急剧下降时,应马上关闭临控门。

3) 疏水的操作

吹洗(临控门开启)前锅炉所有疏放水全部关闭,吹洗(临控门关闭)后,锅炉过热器疏水打开,用于排放顶棚过热器及低温过热器部位的积水。因锅炉启动系统的结构,一般每次吹管都会造成顶棚过热器及低温过热器少量进水,临控门关闭后主蒸汽压力会很快上升,随着顶棚过热器及低温过热器部位的积水逐渐排放干净,主蒸汽压力又会逐渐降低下来,随后再次升高。如果每次吹管完毕后不待顶棚过热器及低温过热器部位的积水疏排干净,仅仅因为蒸汽压力已上升至吹管所需压力,就开始下一次的吹管,将导致蒸汽温度越来越低,而且系统存在水击的安全隐患。所以,每次吹管完毕以后,必须进行疏水操作,待蒸汽压力完成“升高→降低→升高”全过程后,方可开始下一次吹管。这是与亚临界汽包锅炉吹管截然不同的地方。

4) 风烟系统的操作

吹管期间锅炉分级风应尽量开大,一方面增大了烟气量,另一方面可以明显抬高火焰中心,使汽温维持在较高水平。

3. 补水操作方法

由于采用降压吹管,吹管过程中储水箱水位会大幅度变化,所以,在吹管过程中应注意补水时机和补水量,确保不发生严重缺水或满水。

(1) 吹管过程中通过给水泵由给水操作台主路补水,给水操作台主路电动门保持全开,给水流量通过调节给水泵出口调节阀和给水泵再循环阀来控制。炉水循环泵出口调节阀(381 阀)在保证省煤器入口流量大于最小流量的前提下参与储水箱水位调节。

(2) 如果给水泵为定速泵,且出力较小,为防止临控门关闭后储水箱水位过低导致炉水循环泵跳闸,吹洗时储水箱水位应控制在中等偏高的水位(6m 以上)。

(3) 临控门开启前应先关闭储水箱溢水阀(341 阀)。

(4) 临控门开启时开大给水泵出口调节阀、关闭给水泵再循环阀，逐步增大补水量，在临控门全开时锅炉补水量应达到最大。此时给水泵出口流量约为750t/h，省煤器入口流量约为1200t/h。

(5) 临控门关闭后不能立即减少补水量，临控门全关约30s后，储水箱水位开始急剧下降，此时应在维持最大补水流量的同时逐步关小381阀，这样可显著减缓储水箱水位下降速率和幅度，避免炉水循环泵跳闸。

(6) 储水箱水位稳定并回升后，逐步开大381阀，同时逐步减少给水泵出口流量，操作期间应特别注意维持省煤器入口流量大于480t/h。这就要求381阀的调整要与给水泵出口调节阀的调整相配合，而且要注意在381阀管线流量大于220t/h后及时关闭炉水循环泵再循环阀(382阀)，否则381阀管线流量的上升会受到严重影响。不能因为储水箱水位上升太快而一味减少给水泵出口流量，忽略开大381阀和关闭382阀，造成省煤器入口流量低，从而导致锅炉灭火保护动作，锅炉熄火。

(7) 若第(6)步操作不当造成储水箱水位过高，则应立即开启341阀，降低储水箱水位。

(8) 充分利用预吹洗机会熟悉、掌握补水要领和相关参数的控制。

4. 分离器压力控制

(1) 临控门开启前分离器压力一般控制在6.5～7.5MPa，至少要保证临控门全开时过热器、再热器压差比大于1.4。

(2) 每次关闭临控门的时机应保证临控门关完后分离器饱和温度下降不大于42℃。压力与对应饱和温度的关系见表4.5。

表4.5 压力与对应饱和温度的关系

压力/MPa	饱和温度/℃	压力/MPa	饱和温度/℃
1.5	198.29	4.8	261.37
2.0	212.37	5.0	263.91
2.5	223.94	5.2	266.37
2.7	228.07	5.5	269.93
3.0	233.84	5.8	273.35
3.3	239.18	6.0	275.55
3.5	242.54	6.2	277.70
3.8	247.31	6.5	280.82
4.0	250.33	6.8	283.84
4.2	253.24	7.0	285.79
4.5	257.41	7.2	287.70

根据表 4.5，临控门启闭时分离器压力控制如表 4.6 所示。

表 4.6　临控门启闭时分离器压力控制

临控门开启时分离器压力/MPa	临控门关完后分离器压力/MPa
7.2	≥3.8
6.8	≥3.5

5. 吹管期间提升过热蒸汽温度的方法

在直流锅炉降压吹管过程中，临控门开启后，因储水箱水位的急剧上升，每次吹管后期不可避免地会出现蒸汽带水，致使随着吹管进程过热蒸汽温度会越来越低，吹管系数逐渐下降。可以在两次降压吹管间隙，通过适时地开启过热器系统的疏水，排除掉系统内积存的水分(水分由前一次吹管时蒸汽携带进入过热器)，从而避免过热蒸汽在吹管过程中温度逐渐下降，解决过热蒸汽带水问题，提高吹管系数，保障吹洗质量，提高过热器系统清洁度。

(五)方案实施情况

试点电厂两台 600MW 超临界机组均采用上述措施进行吹管，主要情况如下。

(1)耗时：#1 机组 5 天(由于临控门、381 阀等设备故障多耗时 2 天)，#2 机组 3 天。

(2)耗油：#1 机组 480t，#2 机组 420t。

(3)吹管次数：#1 机组 55 次达到合格，#2 机组 48 次达到合格。

(4)吹管系数：过热器系统最高压降比 1.7(压降比大于 1.4 说明吹管系数大于 1)，再热器系统最高压降比 1.9。

(5)主蒸汽温度：380～430℃(大多在 400℃以上)。

(6)开启临控门时主蒸汽压力：6.7～7.5MPa(大多在 7.0MPa 以上)。

(7)每次吹管有效时间：约 60s(吹管系数大于 1 的时间段)。

(8)当集粒器前旁通排汽管和排渣管均关闭时，过热器系统压降比约为 1.4，再热器系统压降比约为 1.9。当集粒器前旁通排汽管开启、排渣管关闭时，过热器系统压降比约为 1.6，再热器系统压降比约为 1.7。当集粒器前旁通排汽管与排渣管均开启时，过热器系统压降比约为 1.7，再热器系统压降比约为 1.6。

(9)锅炉补水、储水箱水位控制情况：临控门关闭 30～60s 后，储水箱水位开始下降，按前述操作方法，可保证储水箱水位最低只到 1.5m，炉水循环泵不会发生跳泵。

在试点电厂两台机组移交生产长时间带高负荷运行后，临时性检修期间发现汽轮机进汽阀前滤网清洁度很好，这也是吹管效果很好的有力佐证。

第二节　整组启动阶段

对于新建机组，机组整组启动是机组投入生产前的最后一道启动试运步序，对于停运检修后重新启动的机组，整组启动是机组达到正常生产能力的重要过程，因此机组整组启动是否顺利及安全，关系到生产企业的切身经济效益。

目前，国内超临界机组(配 W 型火焰直流锅炉)整组启动带负荷阶段普遍存在以下几个高能耗环节：①锅炉投粉燃烧初期，W 型火焰超临界直流锅炉容易出现尾部受热面超温，严重影响机组安全和升负荷速率，导致燃油量加大；②在锅炉转态期间，操作不当或预判不足时，锅炉容易出现在干湿态之间来回摇摆，造成蒸汽参数大幅波动，极易造成蒸汽温度长时间偏低，增加运行风险，导致燃油量加大；③启动中后期，当燃料与风量的配比不恰当或与水动力情况不匹配时，容易出现水冷壁局部超温情况；④过临界期间，操作不当容易引起工质参数在超临界和亚临界之间反复振荡，影响水冷壁安全。

这些高风险、高能耗环节，都与机组热力系统的参数控制和调节方法紧密关联，汽轮机侧和锅炉侧的调节相互影响，因此需要汽轮机和锅炉调整目标一致、步调和谐。针对上述高能耗环节和存在的技术问题，通过理论研究和调整试验，在以下几个环节上提出优化措施：①通过对锅炉水冷壁工质流量分配、燃料与风量的配比、对流传热情况等方面的分析，制定合理的锅炉燃烧器投运顺序和防超温方案；②制订合理的锅炉转态操作和过临界操作技术方案；③制订机组启动各阶段锅炉侧和汽轮机侧的配合调整技术方案。

一、锅炉启动带负荷优化措施

超临界直流锅炉启动带负荷阶段容易出现受热面超温以及参数的过大波动[58]，如果没有采取恰当的措施，频繁超温和参数波动会严重影响机组升负荷率，给后续运行带来隐患，锅炉一旦爆管，经济损失将非常大[59]。

(一) W 型火焰超临界直流锅炉低负荷阶段存在的问题及原因分析

已投产的 W 型火焰超临界直流锅炉在低负荷阶段普遍反映出两个突出问题：一是尾部对流受热面及屏式过热器容易超温；二是水冷壁局部容易超温或温度偏差大[60]。这两个问题都给机组带负荷过程带来安全风险，影响机组正常升负荷，甚至造成受热面爆管[61,62]，造成很大的经济损失。这两个问题主要与以下原因有关：

(1) W 型火焰超临界直流锅炉低负荷时由于二次风和一次风的下冲动量弱，

火焰中心位置较高，所以炉膛出口温度比较高。另外，按照设计，当锅炉总风量小于 30%BMCR 锅炉负荷对应的风量时，MFT 将动作。为了保证低负荷下，锅炉低风量保护不动作，同时为了油枪燃烧良好，一般送风量与此时的负荷相对较大，因此烟气量也相对比较大。火焰中心位置高和炉膛出口温度高使屏式过热器辐射吸热量增加，较高的烟气量使尾部受热面的对流传热系数增加，再加上此时锅炉蒸汽流量较少，因此容易出现尾部受热面超温。

(2) W 型火焰超临界直流锅炉由于下炉膛宽度比深度大很多(深度为 16550mm，宽度为 31813mm)，燃烧器沿炉膛宽度方向布置且燃烧器总体数量较少(总共 24 个燃烧器)，每个燃烧器承担的负荷很大，所以容易出现沿炉宽方向的燃烧不均匀。

(3) 超临界直流锅炉水动力的稳定性和均衡性一般不如亚临界汽包锅炉[63]，而且 W 型火焰超临界直流锅炉全部都是垂直管屏的水冷壁结构，较之螺旋上升型管屏结构更易累积热偏差[64]。

(4) W 型火焰超临界直流锅炉由于炉膛结构，水冷壁管数量远多于其余形式的超临界直流锅炉，水冷壁管总截面面积远高于其余形式的超临界直流锅炉，所以 W 型火焰超临界直流锅炉水冷壁管内工质流速低，容易造成水动力不稳。

(5) 在低负荷时，超临界直流锅炉水冷壁入口工质热焓、压力较低(工质热焓越高、压力越高，水动力稳定性越好)，容易出现水动力不稳定[65]。

(6) 从下降管至各水冷壁下联箱的阻力情况来看，下降管至前墙中部水冷壁沿程阻力最大，由于节流管圈的大小不可调节，所以当低负荷给水流量小时，节流管圈的节流作用相比高负荷时要小，低负荷时给水阻力大的水冷壁工质流量与总流量的比例相比高负荷时小，可能出现缺水情况[66]。

(7) W 型火焰超临界直流锅炉的水冷壁工质流量自补偿能力比较弱，难以消化累积的热偏差[64]。

(二) 解决思路

针对上述问题及其原因分析，提出以下解决思路：

(1) 升负荷时已投运燃烧器的对应调风套筒(拱上二次风)应保持较大开度，对应分级风门(拱下二次风)维持较小开度，其余未投运的燃烧器所对应的调风套筒、分级风门基本全关，总送风量维持在 1100t/h(40%BMCR 锅炉负荷对应的风量)左右。这样既能保证油枪的良好燃烧和锅炉最低通风量要求，也有利于火焰中心的下移，并减少总的烟气量，从而减少尾部受热面的换热量。

(2) 升负荷初期应尽量按照沿炉宽方向燃烧器对称、均匀投入的原则来投入磨煤机。

(3) 升负荷前应通过调节汽轮机调门将主蒸汽压力适当提高，从而使给水压力上升，除氧器水温尽可能提高，增加水冷壁入口工质热焓，这样能提高水动力稳定性。

(4)通过调节汽轮机进汽阀门开度尽量提高锅炉主蒸汽压力;通过提高锅炉主蒸汽压力增加水冷壁工质的工作压力，提高主蒸汽压力后，可使水冷壁高干度区上移，从而使传热恶化区更加远离高热负荷区，同时可避免水冷壁中间混合集箱出现汽水分层，达到控制上水冷壁超温以及减少上水冷壁壁温差的目的。

(5)水冷壁的热偏差应该从燃烧侧入手调节,水冷壁温度调节对应燃烧器的风量和煤粉量。由于有中间混合集箱，下水冷壁的热偏差不会传递到上水冷壁，所以当下水冷壁温度正常、上水冷壁温度偏高时，说明该区域上水冷壁的辐射吸热量偏大，应适当增加该区域对应燃烧器的拱上风量(开大套筒风)，减少拱下风量(关小分级风)，使火焰中心下移；当上水冷壁温度正常、下水冷壁温度偏高时，说明该区域下水冷壁的辐射吸热量偏大，应适当增加该区域对应燃烧器的拱下风量(开大分级风)，减少拱上风量(关小套筒风)，使火焰中心上移；当某区域上、下水冷壁的温度均偏高，或仅调节风量无法控制某段水冷壁超温时，应减少该区域燃料量，减少的燃料量均匀增加到其他燃烧器。

(6)根据水冷壁工质分配的大致特性,低负荷时炉宽中部区域的燃烧器不能投入过多，燃烧强度应按照两侧稍大、中间稍小的方式来调整。

(三)针对燃料和风量调节的冷态试验方法

1. 磨煤机容量风门调节特性试验

在机组升、降负荷过程中，通过调节磨煤机容量风门开度，增加或减小进入炉膛的煤粉量，进而控制锅炉热负荷以达到机组负荷需求[68]。所以，磨煤机容量风门的调节特性对机组工况调整及稳定运行具有极大的影响，对容量风挡板进行调节特性试验具有重要意义。在锅炉冷态空气动力场试验期间，应对磨煤机容量风门调节特性进行多次反复测试。典型 600MW 超临界机组容量风门调节特性曲线见图 4.8。

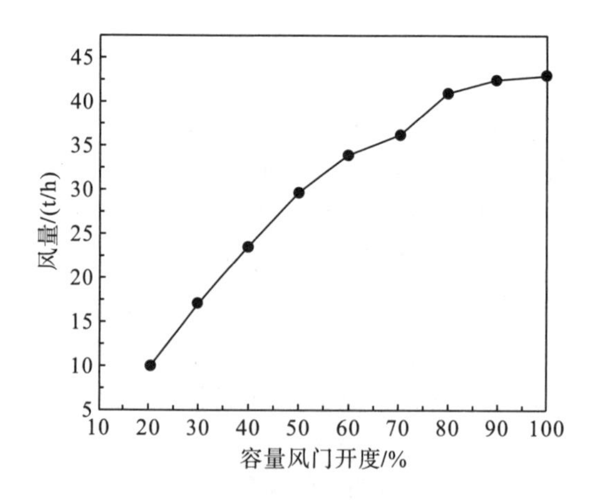

图 4.8 典型 600MW 超临界机组容量风门调节特性曲线

根据测试结果，对容量风门调节特性进行幂指数拟合计算，用于热态调整和燃烧自动，可以取得较好的效果。

2. 调风套筒特性试验

双调风旋流燃烧器入口设有二次风调风套筒，用于控制进入单个燃烧器的二次风量[69]。在机组启动过程中，当启动磨煤机投粉燃烧时，该磨煤机出口粉管所对应燃烧器的调风套筒应开大，以及时补充煤粉燃烧所需空气，并且通过开大调风套筒，内二次风风量增加，内二次风在喷口处沿着煤粉射流的边界形成局部回流区，卷吸高温烟气形成稳定的着火区域，保证煤粉及时着火；另外，通过开大调风套筒，外二次风风量增加，外二次风下冲能力加强，及时补充煤粉燃尽时所需空气。如果调风套筒开度过大，则内、外二次风风量增加过大，煤粉下冲能力急剧增强，炉膛火焰中心下降，易造成下水冷壁超温；反之，若调风套筒开度过小，则易造成上水冷壁超温。鉴于 W 型火焰超临界锅炉燃料及风量对机组热负荷以及受热面温度控制尤为敏感，因此，调风套筒特性试验显得极其重要。

由于燃烧器为前后墙对称均匀布置，且结构形式相同，所以选取 F1 燃烧器为对象，进行调风套筒特性试验[70]。调风盘固定某一开度(50%)，在调风套筒不同开度下，测量内、外二次风的风速。内、外二次风风速随调风套筒的变化见图 4.9。

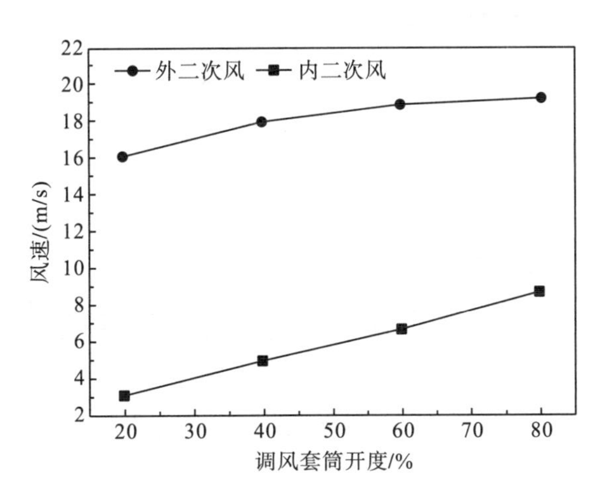

图 4.9　内、外二次风风速随调风套筒的变化

由图 4.9 可知，随着调风套筒开度的增大，内二次风风速呈线性增加；而当调风套筒开度较小时，随开度增加，外二次风风速也呈线性增加，当调风套筒开度较大时，随着开度增加，外二次风风速增加较小。由图 4.9 还可以看出，外二

次风风速较内二次风风速高，这主要在于内二次风通道阻力较外二次风通道阻力大。因此，在调风套筒开度变化过程中，对外二次风风量影响较小，对内二次风风量影响较大。在机组运行燃烧调整中，可以此为基础对配风进行调节，进而能更好地使机组稳定运行。

3. 调风盘特性试验

在双调风旋流燃烧器内二次风通道入口端设有调风盘，改变调风盘的位置(开度)可以调节进入内二次风通道的风量，从而改变单个燃烧器内、外二次风的风量比。调风盘开度增大，内二次风风量增大，外二次风风量减小；反之，则内二次风风量减小，外二次风风量增大。在机组正常运行过程中，当控制单个燃烧器风量不变时，内二次风风量增加，卷吸高温烟气的强度增大，但外二次风风量的减小将引起煤粉下冲能力减弱，进而导致机组火焰中心上移，因而对受热面壁温及炉膛热负荷有较大影响。由此可知，在锅炉燃烧调整过程中，调风盘的调节应与受热面壁温控制、炉膛局部热负荷的均匀性相匹配，因此调风盘特性试验对于锅炉燃烧调整以及受热面壁温控制具有极大的意义。

以 F1 燃烧器为研究对象，试验过程中，控制调风套筒某一固定开度(80%)，在不同调风盘开度下，测量内、外二次风风速，试验结果如图 4.10 所示。

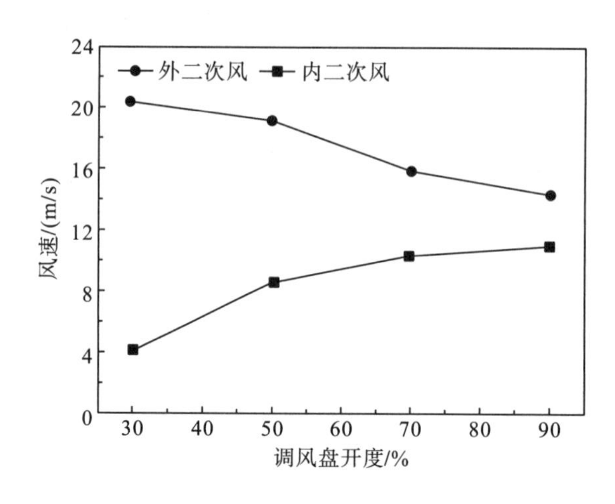

图 4.10 调风盘特性试验结果

由图 4.10 可知，调风盘开度增大，内二次风通道阻力减小，即风速增大，当单个燃烧器总风量一定时，外二次风风速减小，外、内二次风风速比逐渐减小，当调风盘开度为 90%~100%时，风速比接近 1，此时内、外二次风通道阻力较为接近。由图 4.10 还可看出，随着调风盘的逐渐开大，内二次风风速增加速率、外二次风风速减小速率及风速比减小速率均逐渐减小，进一步表明该双调风旋流燃烧器当调风盘开度较大时，调风盘开度的变化对内、外二次风风速影响较小。从图 4.10 中可进一步看出，调风盘开度的整个变化对内二次风的影响略大于外二次风，当调风盘开度为 60%左右时，燃烧器外、内二次风风速比为 1.90，较接近于设计值 1.98。

(四)技术优化主要内容

1. 启动初期防止尾部受热面超温的措施

(1)机组并网后，增加油枪投运数量至 16 支左右，并将欲投运磨煤机对应的 4 支油枪全部投入。

(2)机组暂不升负荷，带 30～40MW 负荷维持。

(3)调整风挡板和送风机：大风箱压力为 0.6～0.7kPa，全部分级风挡板至 5%，投运油枪对应的调风套筒开度为 60%，油枪未投运对应的调风套筒开度为 10%，总风量控制在 1100t/h 左右。

(4)启动制粉系统。从图 4.11 可看出，沿炉宽方向中部的 4 个火嘴属于 A 磨煤机和 F 磨煤机，而在低负荷时，中部水冷壁工质流量占总流量的比例较高负荷时低，所以不宜选择 A 磨煤机和 F 磨煤机作为启动的首台磨煤机，即使因为其他情况(如 B 磨煤机、C 磨煤机、D 磨煤机、E 磨煤机有消缺工作不能启动)只能先启动 A 磨煤机或 F 磨煤机，也不宜首先投入中部的 4 个火嘴。若先启动 A 磨煤机，则应首先考虑投入 A1 和 A4 两个火嘴。一般情况下，采取的是先启动 B 磨煤机或 E 磨煤机。

(5)投运燃烧器对应的分级风门应增大至 30%以上，调风套筒应增大至 60%以上，并根据上、下水冷壁壁温做进一步调整。此时仍需要维持煤粉气流较大的下冲能力(通过拱上较大的二次风风量携带煤粉下冲)，并控制总风量在 1200t/h 以下，防止锅炉尾部受热面超温。

(6)主蒸汽压力上升至 7MPa 以上，开始升负荷。

(7)关小给水操作台给水电动门，提高给水泵勺管和减温水压力，保证减温水流量。

(8)投运第二台磨煤机。如果投运的首台磨煤机是 B 磨煤机，则投运的第二台磨煤机一般选择 D 磨煤机；如果投运的首台磨煤机是 E 磨煤机，则投运的第二台磨煤机一般选择 C 磨煤机。这样既有利于保证沿炉宽方向燃烧强度的均衡，也兼顾到水冷壁工质流量的分配，即工质流量较大的区域燃烧强度较大，工质流量较小的区域燃烧强度较小。

(9)在机组负荷升至 150MW 左右时，可并入第一台汽泵。

(10)投运第三台磨煤机，此时可以考虑投入 A 磨煤机或 F 磨煤机。

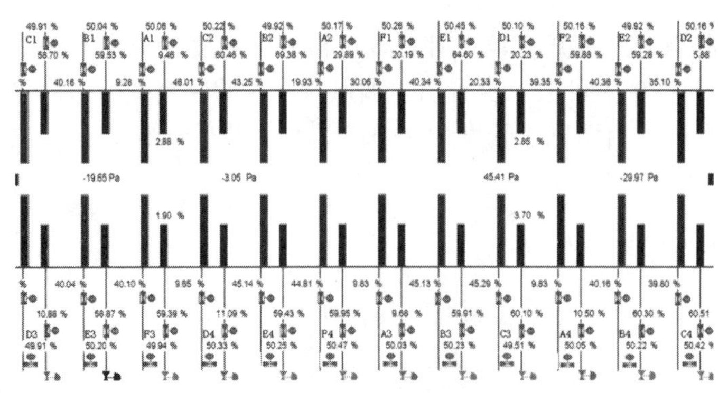

图 4.11 燃烧器分布情况

2. 转态操作要点

当机组负荷达到 200～240MW 时，应进行湿态转干态操作，否则锅炉汽温将持续偏低，不利于汽轮机安全运行，转态操作应注意以下几点：

(1) 维持给水泵出口流量基本不变。

(2) 保证锅炉热负荷始终逐步增加，因此转态操作前应保证至少 2 个以上的备用火嘴可以随时投入，否则应先启动一台磨煤机提供备用火嘴。

(3) 过程中给水泵最好不要出系，当有异常情况时，给水流量的调节速度可以快些。

(4) 381 阀全关前应全开 382 阀，381 阀全关后，给水流量只需小幅增加或不增加，避免锅炉重新由干态转为湿态。

(5) 381 阀全关后，应继续平稳增加热负荷，提高中间点过热温度至 10～15℃，使锅炉完全转为干态运行，避免锅炉在干态和湿态转换区域长时间停留，否则容易引起水动力不均，出现局部超温。

3. 启动中后期防止水冷壁超温的措施

(1) 必须保障燃烧强度沿炉宽方向的基本均衡。

(2) 当机组带 180MW 负荷以上时，锅炉尾部受热面将不会再出现易超温的倾向，相反直至锅炉转态操作完成前，锅炉汽温会呈下降趋势，此时应逐步开大分级风挡板，一方面通过抬高火焰中心提高汽温；另一方面可以避免下水冷壁超温。

(3) 锅炉转态操作完成后，水冷壁温度一般可以采用以下方式控制：当下水冷壁超温时，增加对应区域的分级风开度，适当减少对应区域的调风套筒开度；当上水冷壁超温时，适当增加对应区域的调风套筒开度，减少对应区域的分级风开度。另外可以通过磨煤机负荷风挡板的调节来减少对应区域的燃料量，还可以通过调节调风盘来调整拱上二次风的下冲动量。当温度上升速率较快，采用常规方法不能很快控制超温时，可以立即停运对应区域的火嘴。

(4) 在 450MW 负荷以下时，中部四个火嘴(A2、A3、F1、F4)不宜全部投入。

(5) 随着机组负荷逐渐升高，给水流量增加，下降管给水分配管上的节流孔的节流作用逐渐增强，给水流量分配逐渐均匀，水冷壁超温的主要危险来源于燃烧侧的不均匀以及临界区的传热恶化。因此，高负荷下控制超温的根本性手段还是在于控制燃烧的均衡性。

(6) 分离器出口的八个温度点(A、B 侧各四个)可以帮助判断炉内燃烧情况是否均衡。如果八个温度点的温度接近，则说明炉内燃烧均衡，如果两侧温度偏差大，则说明燃烧不均衡，需要立即调整，否则容易造成局部受热面超温。

4. 过临界操作注意事项

22.12MPa 是水的临界压力。当水在该压力下加热到 374.15℃时，即全部汽化为蒸汽，该温度称为水的临界温度(相变点)。超临界压力下相变点附近工质的物理特性与亚临界参数下有很大不同，尤其是普朗特数增加很大，造成相变区附近会出现明显的传热恶化，水冷壁管内很可能出现类膜态沸腾。因此，在过临界操作时，应特别注意以下几点：

(1) 当接近临界压力时，应严格控制水冷壁温度，保证水冷壁管无超温现象。

(2) 持续、均匀、缓慢地增加燃料量。

(3) 不能让分离器出口压力在超临界和亚临界之间反复振荡。

(五) 方案实施情况

试点电厂两台 600MW 超临界机组整套启动调试过程中按照前述要求进行操作、调节[71]，取得良好效果。

两台机组整套试运期间未出现严重超温，控制超温的措施有效，#2 锅炉分级风、调风套筒调节对水冷壁温度的影响见图 4.12、图 4.13。

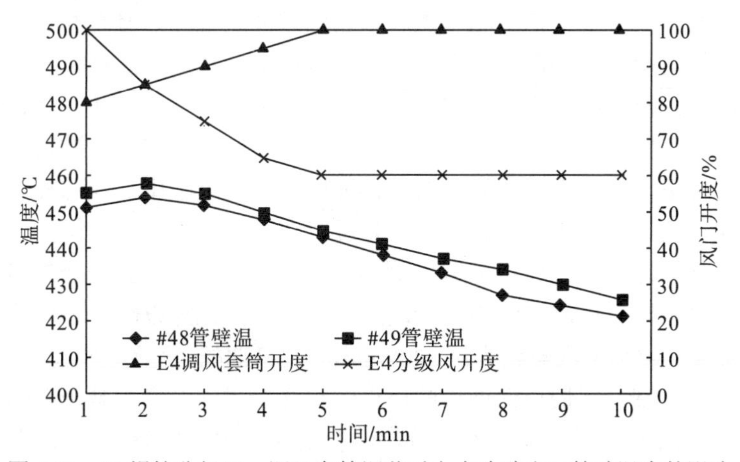

图 4.12 #2 锅炉分级风、调风套筒调节对上水冷壁出口管壁温度的影响

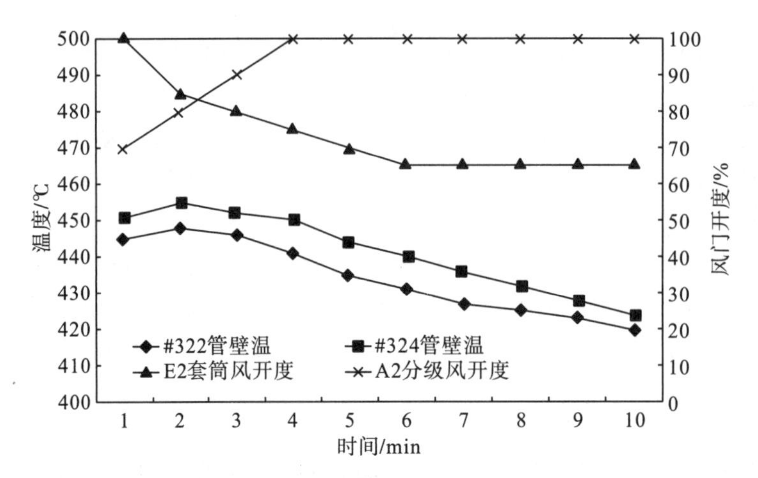

图 4.13 #2 锅炉分级风、调风套筒调节对下水冷壁出口管壁温度的影响

(1) 锅炉投粉初期尾部受热面和屏式过热器超温情况得到有效控制，两台机组启动带负荷过程中未出现尾部受热面超温情况。

(2) 转态操作平稳，未出现湿态转为干态后又重新回到湿态的振荡现象。

(3) 过临界操作时未出现水冷壁超温情况。

(4) 机组调试期间未发生受热面超温爆管。

(5) 机组持续升负荷能力强，完全能满足电网调度需求，从并网到锅炉断油燃烧只需 2h 左右。

二、机、炉协调配合的优化技术

(一) 机组启动初期的协调配合优化措施

在机组水冲洗过程中，汽轮机侧应根据锅炉冲洗情况，检查和启动必要的系统及辅机，提前配合锅炉侧满足点火条件。水冲洗合格后，注意把握投轴封及建立真空的时机，及时回收疏水，避免延误锅炉点火时间，过早和过晚投运都不利于机组的启动。锅炉点火后，合理操作高低旁，控制冲转参数。冲转前期，在保证安全的前提下，尽快提升汽温、汽压；冲转及暖机过程中，注意控制汽轮机调门开度，保证机组高中压缸具有合适的升温速率。

在机组冲转过程中汽轮机、锅炉侧通过密切配合，可达到理想的节能效果。例如，锅炉侧在汽轮机冲转的不同阶段应通过增减油枪加以配合。以哈尔滨汽轮机厂的 600MW 超临界汽轮机为例，2000r/min 暖机期间，在保证机组安全条件下，蒸汽压力不宜过高，锅炉在保证炉膛出口烟温高于蒸汽温度的基础上通过调节风门来维持蒸汽温度，尽量少投入油枪，汽轮机高压主汽门有 10%以上开度。在 2000r/min 暖机结束后，升速至 3000r/min 的过程中，应逐步增投油枪，在不超温、超压的情况下，尽量提高蒸汽参数。该过程中提高蒸汽参数有两点好处：一是可满足汽轮机过临界转速时对高升速率的要求(实践表明，主蒸汽压力低于 4.5MPa 时，不能满足汽轮机过临界转速对升速率的要求)；二是对并网带负荷提前做准备。通过上述操作，可缩短从机组启动到带负荷的时间，达到节能的目的。

(二)低负荷汽轮机、锅炉协调配合的优化措施

由于 600MW 超临界机组升降负荷快、锅炉单个燃烧器功率大，在此过程中如果燃烧控制不当容易出现锅炉尾部受热面超温；如果负荷控制不当容易导致主蒸汽压力及温度的突变，对机组安全运行及节能都不利。汽轮机侧高低压加热器系统、除氧器应在并网带负荷初期采用随机投运的运行方式尽早投入，以提高锅炉给水温度，改善锅炉水动力条件。

锅炉转态之前的低负荷阶段，应投汽轮机跟随方式，以稳定汽压、汽温。针对机组升负荷速率快这一特点，要合理考虑汽动给水泵组的冲转时机。汽动给水泵组冲转可选择下列汽源：①辅助蒸汽(0.7MPa/270℃左右)；②四段抽汽(0.55MPa/350℃左右)；③冷再热汽源(1MPa /300℃左右)。主机冲转前，辅汽一般来自邻机或启动锅炉。若选用四段抽汽冲转给水泵汽轮机，机组负荷应达到 200MW，此时给水泵出力已经捉襟见肘，对机组安全可靠性来说非常危险。冷再热汽源参数较高，给水泵汽轮机冲转时进汽量少，可能会导致给水泵汽轮机暖机时间长、排汽温度高以及由此带来的振动大等问题。因此，应当首选辅助蒸汽冲转给水泵汽轮机。冲转时机大致为：主机 3000r/min 定速后冲转第一台给水泵汽轮机，机组带负荷至 100～150MW 冲转第二台给水泵汽轮机高转速热备用。这样，当机组有需要时，可随时并入给水系统，该方案灵活、可靠，可满足机组对负荷快速响应的要求。

(三)湿态转干态过程中汽轮机的配合调节

600MW 超临界直流锅炉大约在 30%BMCR 负荷(200MW)开始进行干湿态转换。此时在垂直水冷壁中可能产生两相流，容易引起水动力不均匀而造成管壁温度超限。因此，汽轮机侧应配合调整主蒸汽压力，防止主蒸汽压力突升突降。湿态转干态时锅炉给水流量基本不变，但蒸汽流量持续增加，汽轮机应逐步增加负荷，维持主蒸汽压力的平稳上升。锅炉转为干态运行后，蒸汽温度上升较快，此时不仅锅炉侧需要及时调整，汽轮机侧也需要尽量开大调门，通过增大蒸汽流量来控制汽温的上升速度。机组在转态完成后，应切换至定压运行方式，提高锅炉主蒸汽温度，通过提高锅炉主蒸汽压力增加水冷壁工质的工作压力，从而降低水冷壁管中工质的密度差，使受热强的水冷壁管工质流动阻力的增加幅度减少，缓解 W 型火焰超临界直流锅炉水冷壁垂直管屏容易出现的传热恶性循环，避免锅炉转态后水冷壁极易出现的超温问题。

第五章　火力发电机组实时性能监测及优化指导技术

利用火力发电机组实时性能监测及优化指导技术，建成了火力发电机组实时性能监测及优化指导系统。该系统对汽轮机运行具有优化指导、远程故障诊断等功能，是开放式信息平台。

通过本技术，可以达到以下目的：

(1)使发电企业从优化生产和企业管理两个方面着手，提高生产效率和设备可用率，优化资源配置，最大程度地降低发电成本。在确保机组安全运行的前提下，使机组始终保持在最佳工况运行，最大限度地降低煤耗，切实提高运行的经济性，提高火力发电厂竞争实力，使发电企业建立以经济效益为中心、以降低成本为核心、以节能减排为重点的经营机制。

(2)对设备运行参数进行实时测量，并对锅炉效率、汽轮机效率、发电煤耗等综合经济性指标进行在线计算，监测给水泵、循环泵、冷却塔、冷凝器、风机、高低压加热器等辅助设备的运行性能，为优化机组运行工况提供尽可能详细的技术数据，使运行人员掌握火力发电机组实时的和真实的效率，实时了解机组运行现状和机组性能现状，通过运行优化调整，实现节能减排。

(3)改变目前根据每个运行班组抄表记录计算相关指标的弊端，可以准确反映机组运行经济性全过程；可以降低专业人员工作量，提高工作效率和可靠性；可以对历史数据实施有效管理。

(4)借助历史数据库、性能报表及定期的分析报告，便于快速查找造成机组运行效率下降的根本原因，为快速制定优化决策提供完整信息，为实施状态检修计划创造条件。

(5)通过远程诊断，完成运行经济性的分析指导、设备性能的跟踪诊断，由专业的技术后援团队针对性地提出解决方案。

第一节　基础平台及网络构架

由于火力发电机组实时性能监测及优化指导系统具备现场实时运行指导功

能，计算和交互数据量较大；面对区域内机型众多、数量较大的情况，如果集中管理数据将面临很大的问题，建设和系统运行维护成本将很高，因此应该采用“数据由现场采集存储，远程维护调用”的分级管理原则。所以，服务器和数据库设置在电厂侧，远程用户根据需要远程接入。

为了实现机组性能的实时计算，应选择准确、可靠的计算软件。为便于运行人员接收指导信息，了解机组性能，应开发运行人员熟悉的、习惯的系统界面。为了提高运行分析诊断的效率，应开发分析软件。

经过分析，决定采用客户机-服务器的解决方案，在电厂设置一台性能计算服务器，运行人员、管理人员、远程技术人员均通过客户端进行监测，根据需要进行深入了解。

经过收集资料和比较，选择美国通用电气公司(General Electric Company，GE)开发的性能监测与优化软件 EfficiencyMap^{TM} 作为服务器的计算平台。EfficiencyMap^{TM} 软件以 GateCycle^{TM} 软件作为热力计算的引擎，采用模块化建模方式，具有极大的通用性，便于日后的推广。

为了便于使用，采用与 DCS 相同的界面，电厂运行人员及相关维护人员在使用过程中不需要花费太多的时间和精力即可理解和应用。

将性能计算服务器设置在电厂的管理信息系统(management information system，MIS)网，性能计算结果和分析指导数据均通过 MIS 网发布，便于管理人员和远程技术支持人员使用。

关于性能计算的数据采集，有以下两种方式：在厂级监控信息系统(supervisory information system，SIS)上采集实时数据；通过单向网闸与 DCS 直接接口。通过 SIS 采集数据的好处在于安全，与 DCS 的网络安全问题由 SIS 一并解决；缺点在于数据可能存在丢失、错误，性能计算和运行指导的有效性受到影响。如果条件允许，火力发电机组实时性能监测及优化指导系统应设计成与 DCS 直接接口，这样比与 SIS 接口更便捷、更可靠，实时性更强。为了保证安全，可以在火力发电机组实时性能监测及优化指导系统与 DCS 之间增加单向传输数据的接口机和网关。

在远程接入方面，为了保证数据的安全性和保密性，可以采用虚拟专用网(virtual private network，VPN)的方式。VPN 可以通过因特网建立一个临时的、安全的连接，是一条穿过混乱公用网络的安全、稳定的隧道。使用这条隧道可以对数据进行几倍加密以达到安全使用互联网的目的。VPN 可以帮助远程用户建立可信的安全连接，并保证数据的安全传输。

火力发电机组实时性能监测及优化指导系统通过接口机把 DCS 数据经由单向网关送到位于 MIS 网的性能计算服务器，在性能计算服务器上完成运算后将结果在 MIS 网上发布。远程中心或远程工作站通过公众互联网，以 VPN 的形式接入电厂的 MIS 网，同步接收数据和开展分析。火力发电机组实时性能监测及优化指导系统网络结构如图 5.1 所示。

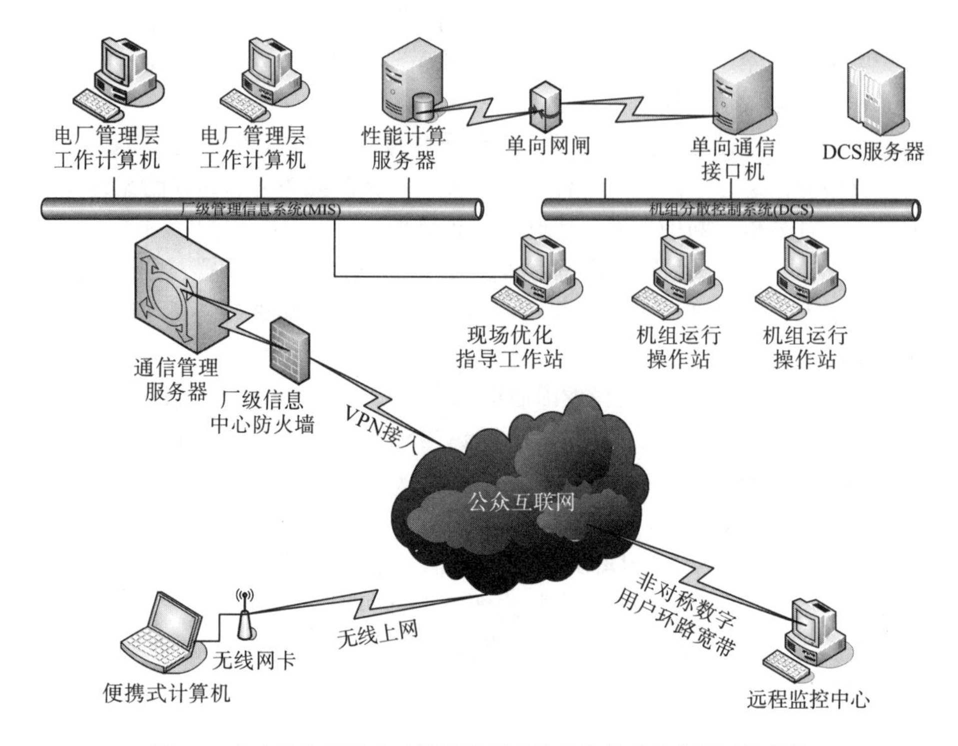

图 5.1 火力发电机组实时性能监测及优化指导系统实际网络结构

系统软件由数据库支持平台 System1^{TM}、实时性能监测及优化指导系统、计算引擎 GateCycle^{TM}、中文用户平台及其 WEB 浏览组成。

系统硬件配置主要有实时性能监测及优化指导系统服务器和接口机、隔离网关等，其他依赖现场已有的 DCS。

在试点电厂火力发电机组实时性能监测及优化指导系统的性能计算平台中，主要包括 2 个基础模块和 5 个应用模块。基础模块包括数据库模块(数据的获取、输入与存储等)和数据输出及图形界面模块；应用模块包括数据预处理(数据调和)、在线热平衡计算、设备性能计算、影响因素分析计算等。性能计算平台主要模块结构如图 5.2 所示。

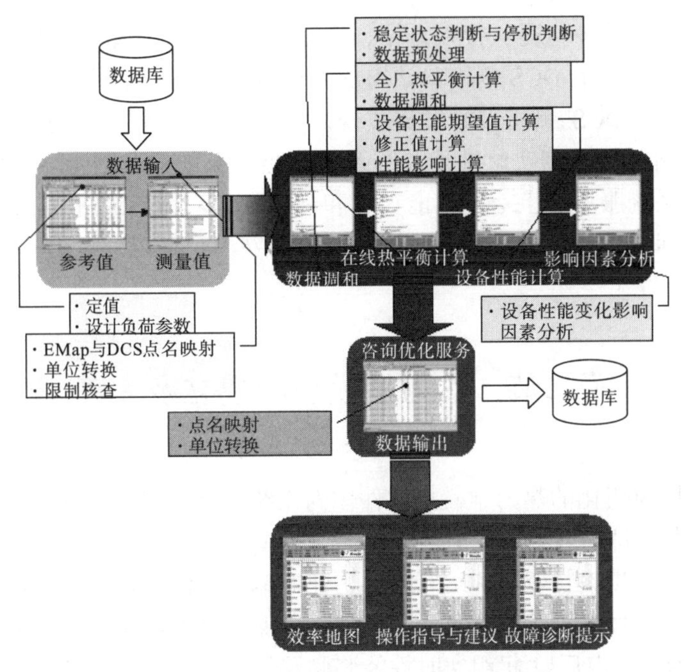

图 5.2　性能计算平台主要模块结构

在基础模块中，数据库模块用于 DCS 原始参数、性能计算参数以及性能分析数据的存储和趋势分析等。可以采用 System1™ 作为实时性能监测及优化指导系统的数据库平台，也可以为采用其他形式的数据库提供数据服务。

在电厂现有网络的基础上拓展了实时性能监测及优化指导系统的网络接入方式，实际网络架构如图 5.3 所示。

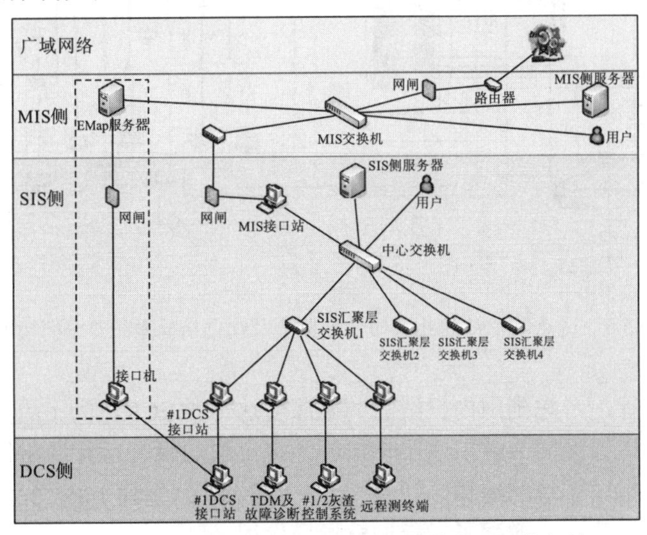

图 5.3　实时性能监测及优化指导系统实际网络架构

该网络架构的特点是：接入方便、可靠、易扩展。具体方式为：原有的 SIS 网保持不变，在机组 DCS 侧接口站增加一块网卡，连到实时性能监测及优化指导系统接口站。DCS 侧接口站发送数据，实时性能监测及优化指导系统接口站接收并通过网关转发到实时性能监测及优化指导系统服务器上。实时性能监测及优化指导系统服务器上运行性能计算和优化软件，最后通过 MIS 网向全电厂发布性能指标和优化指导建议。所有 MIS 管理网用户可以通过 IE 浏览器观察机组运行情况。

第二节　热力学模型的建立及完善

系统采用模块化的热力学模型软件作为系统计算引擎，通过选择模块，填入设备特性参数，即可建立整个系统的热力学模型。

通过搜集大量设计资料和运行资料，建立锅炉、汽轮机、冷却塔、凝汽器、空预器及高低压加热器等热力单元的模型，以保证热力学模型的真实和准确。

图 5.4 为试点电厂#1 机组实时性能监测及优化指导系统热平衡模型。

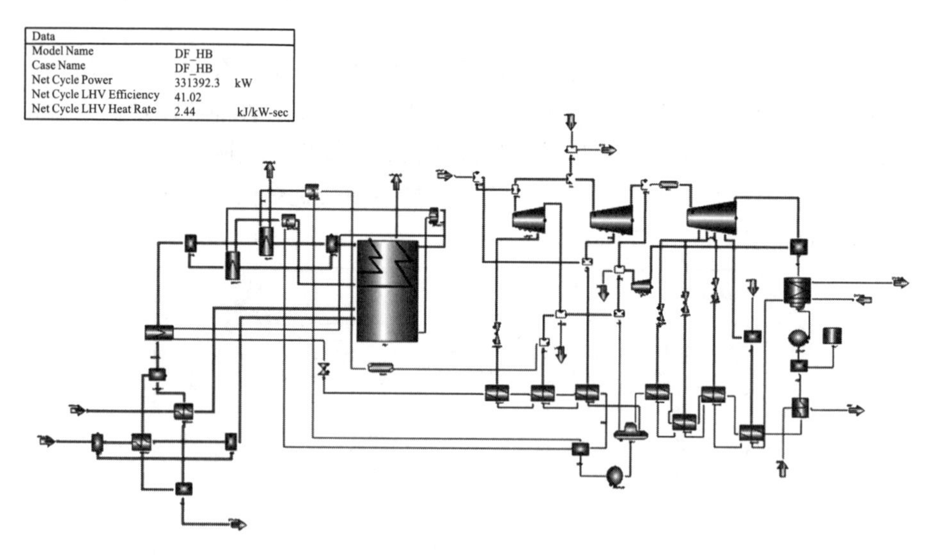

图 5.4　试点电厂#1 机组实时性能监测及优化指导系统热平衡模型

经过试运行，考虑到国内机组的调峰深度达 50%ECR，为了更好地反映机组在非额定负荷运行区间的性能水平，更好地提高机组调峰运行经济性，将实时性能监测及优化指导系统的运算区间由 180～300MW 调整到 140～300MW，涵盖了机组的正常运行范围，增强了运行调整指导作用。

为了使系统更好地适应国内用户的需要，对实时性能监测及优化指导系统内的模型进行了完善，增加了供电煤耗、辅机单耗等符合国内用户习惯的关键指标，增加了重要参数对热耗及煤耗的影响等参考指标。通过完善模型，增加运行人员感兴趣的参数，提高了运行人员的互动愿望。

第三节　基于流量平衡和热量平衡的数据调和技术

数据获取是所有性能监测与优化工作的基础，数据的精确与简练是所有性能监测与优化工作的灵魂。粗糙的数据会引发不收敛的计算，计算即使收敛也会导致不正确的结论，将优化工作引向灾难；而冗余繁复的数据则无疑会增加计算工作量，往往没有显见的收益。

数据预处理就是以数据的精确与简练为目标而进行的一系列在线数据处理。在实时性能监测及优化指导系统中，数据预处理分为数据调和与虚拟传感器[72]两种模式，两种模式可以搭配使用。

数据调和是对数据进行的和谐调整，数据调和针对的是一组相关性数据，通常采用的方法是流量平衡和热量平衡。

如图 5.5 左图所示，基于测量原因，加热器各个通道的输入与输出流量均不平衡，各个通道的热传递量各有计算数值且这些数值之间也很难达到平衡状态，这在实际的性能参数测量与计算中很常见。这时，对参数的采信工作使得工程师常常犯难。

当采用了数据调和时，如图 5.5 右图所示，各个通道的采信量均发生了变化，而整体的热传递量也达到了平衡状态。这并不是进行数据拼凑，而是通过流量平衡和热量平衡方法，将各个测量值与真实值可能的误差总量约束到了最小值，从而也使得计算所反映出来的质量与能量传递最逼近真实状况。

通过对整个热力学单元和各个热力学模型进行在线质量与能量的热平衡计算进行数据调和，排除了由测量误差(包括传感器精度误差和安装位置误差等)导致的计算误差，保证了数据的准确性。通过数据调和，不需增加额外测点，也不需更换传感器和改变测点位置，利用原 DCS 中已有的测点即可进行较准确的性能分析。

通过数据调和，还可求得低压缸排汽干度、排汽焓、排汽量、循环水流量，进而得到低压缸效率、冷却塔效率，解决了计算汽轮机组热平衡效率、排汽状态确定的难题。

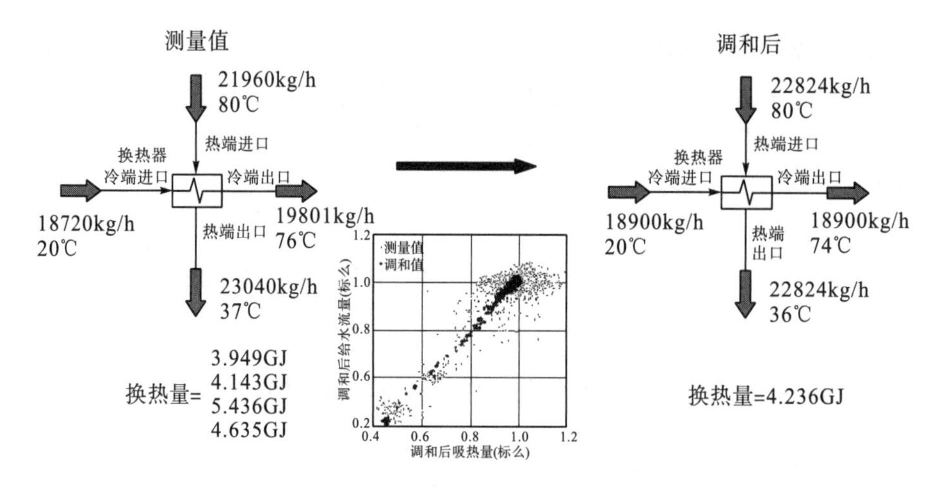

图 5.5　数据调和方法示意图

第四节　虚拟传感器技术

传感器是信息采集系统的首要部件，负责对电厂运行过程中各种信息的感知、采集、转换、传输和处理等一整套工作。虚拟传感器并不是对待测信息直接进行上述一整套服务，而是对待测信息的相关信息进行上述一整套服务。然后通过信息之间的相关性，回归出相关信息与待测信息之间的函数关系，以达到间接测量的目的[73]。

例如，固体未完全燃烧损失是影响电站锅炉热效率的主要损失之一，计算主要依赖飞灰含碳量的测量。无论是锅炉燃烧优化，还是运行中的小指标考核，必须首先实现飞灰含碳量的在线准确测量。

影响锅炉效率的其他几项热损失有明确的计算公式，可以根据运行参数进行计算。但影响飞灰含碳量的因素多且复杂，并且受到如锅炉燃用煤种、设计安装水平、运行操作水平等多种因素的影响，很难采用简单的公式进行估算，往往采用实炉取样方法加以确定，即现场定期取样进行化验分析。

飞灰含碳量的在线测量也往往被采用。一般在线测量大都采用在锅炉水平烟道上安装微波测碳仪来实现，在技术上容易出现样品管堵灰、附加设备复杂和对数值在 0.75%以下的飞灰含碳量不能测量等问题，也存在维修保养要求高等缺点。当在线测量失准或者失效时，缺少补充的手段。现场发现，在线测量有趋势变化，但是失准率较高，不能有效反映真实情况。因此，在实炉取样和在线测量之外，如果能够补充一个虚拟测量的手段，可以把两者很好地结合起来，帮助在线测量获知较准确的飞灰含碳量，为锅炉燃烧优化打好坚实的基础[74]。

虚拟传感器是现场物理参数的一个解析模型或者数值模型，它与实际的传感器处于并发的工作状态。在实际传感器信号不发生突变的情况下，虚拟传感器可以有效地提示出信号的失真或者漂移，并且可以直接作为暂时性的代替信号，这种检错与容错的手段对于关乎机组安全、经济运行的重要测点是十分必要的[75]。

第五节　火力发电机组热力性能分析的期望值指标体系

在实时性能监测及优化指导系统中引入一套基于期望值的全新的分析指标体系，可以计算和评估全电厂和单个设备的性能。该体系包含测量值、期望值、修正值和参考值四个重要参数。

测量值：DCS 实时测量值，其中包含实时性能监测及优化指导系统热平衡模型的计算结果，通常称其为热平衡值。

期望值：设备在“New & Clean”(设备在全新状态，无脏污、结垢等)的前提下，当前机组运行条件下的性能参数。通过设备期望值和实际值的比较，可以发现机组性能的下降程度。

修正值：机组和设备性能参数被修正到参考条件下的性能参数。因为设备性能的修正过程中以固定的、设计条件下的运行数据为参考，所以修正值的变化仅与设备性能的变化有关，而与操作因素无关，这样就可以帮助用户更加明确地分析出设备本身性能是否发生了变化。

参考值：设备性能良好条件下的性能参数，一般为设计条件下的设计参数。

图 5.6 显示以上四个重要参数的相互关系。

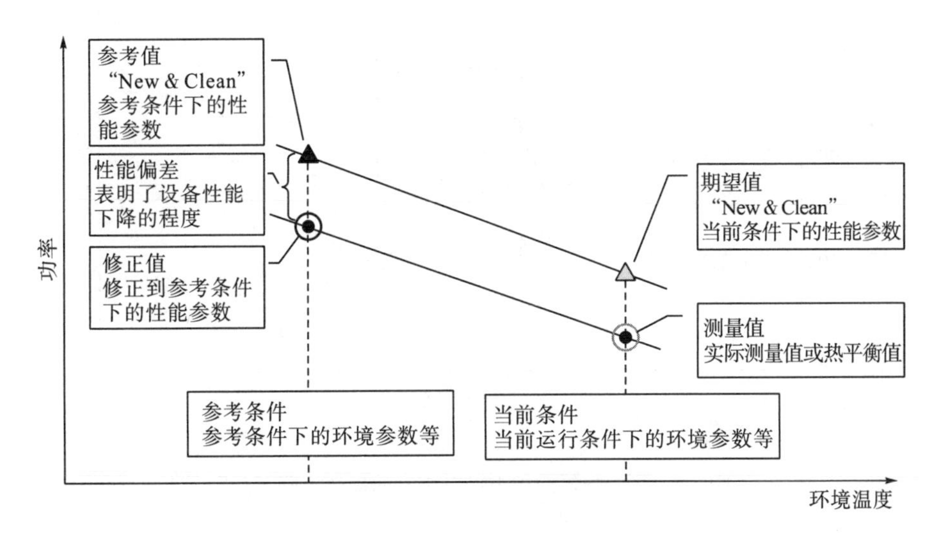

图 5.6　实时性能监测及优化指导系统性能参数相互关系示意图

该指标体系包括的概念还有性能下降，性能下降可以划分为两大类，即可以恢复的和不可以恢复的。可以恢复的性能下降是指通过人为的、可以操作的行动或措施可以消除这部分性能的损失，使设备性能恢复到正常的状态。例如，通过清洗凝汽器铜管中的污垢，可以改善凝汽器的换热性能。不可以恢复的性能下降是指设备性能或损失不能被恢复，除非是通过设备的修理和替换。如轴封泄漏、凝汽器漏空气、汽轮机叶片磨损等。

如图 5.7 所示，由于机组安装，系统、设备本身的缺陷导致实际运行的机组热耗与期望热耗有一个偏差，这种性能的下降是不可以恢复的。然而在运行的过程中，某个设备性能下降导致了整个机组性能的下降，该性能下降是可以通过分析找出根源，并在维护、检修后得以恢复的。

在设备正常运行，没有发生性能下降的条件下，设备性能期望值和修正值之间的偏差基本保持恒定，此时修正值的变化趋势近乎是一条直线；当设备发生性能下降时，期望值与测量值之间的偏差会加大，此时，修正值会是一个逐渐上升或者是下降的趋势，图 5.8 中，在某个时间段内，冷却塔性能没有发生明显的性能下降，冷却塔出口水温的修正值会在设备性能下降的过程中呈现出一个比较明显的上升趋势。通过长期性能跟踪和分析可以帮助运行人员和维护人员了解机组的性能状况，同时对应该在何时进行设备检修提出指导。

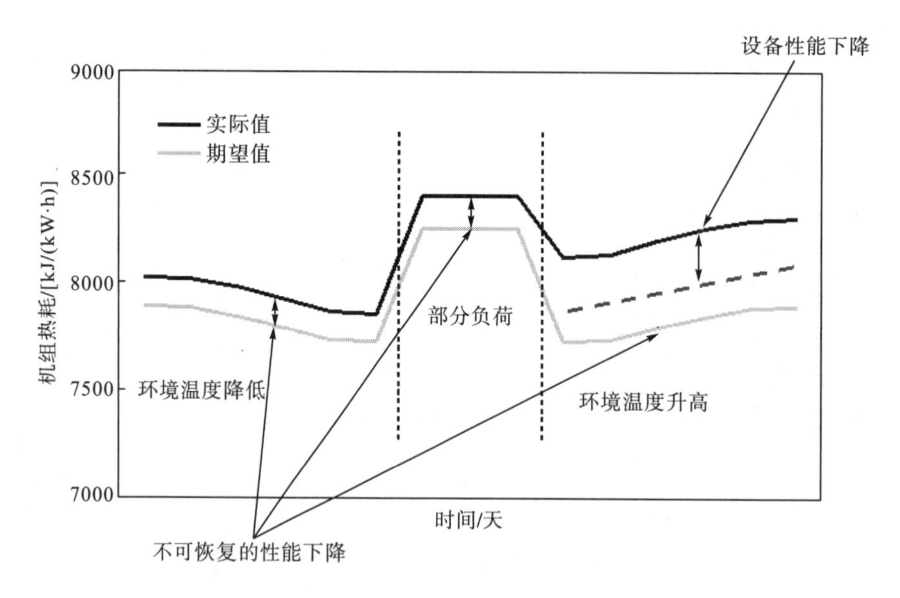

图 5.7 可以恢复的与不可以恢复的性能下降示意图

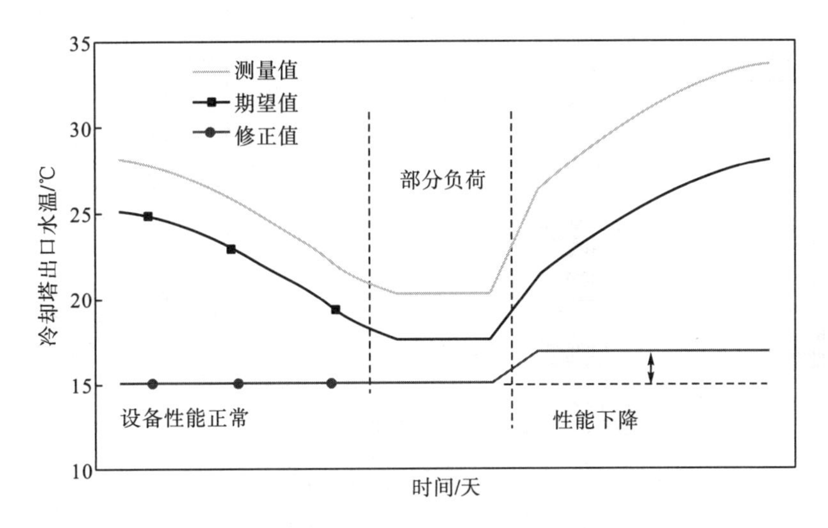

图 5.8 冷却塔性能变化趋势示意图

第六节 影响因素分析

在整个热力系统中，影响火力发电机组整体经济性的因素大体可以分为两大类：第一类是设备(如锅炉、汽轮机、凝汽器、加热器等)本身的性能；第二类是可控的运行参数(如主蒸汽压力、主蒸汽温度、再热蒸汽温度、真空度、凝汽器端差、排烟温度、飞灰含碳量、炉渣含碳量等)，如图 5.9 所示。

在实时性能监测及优化指导系统中，通过第一类因素对机组热耗影响的分析，可以清楚地指示出哪个设备的性能已经有明显下降或者改善。如果性能下降了，可以提示电厂运行人员和维护人员应该重点关注该设备的情况，具体分析这种性能下降是否对整体有利，若否，则深入分析性能下降的原因，并且分析提出维护和检修的建议；相反，如果性能发生改善，首先判断这种改善对整体是否有害，若否，则深入指出哪些因素导致了这种改善，若关系到运行因素，则加以总结和推广。

通过第二类因素对机组热耗影响的分析，可以定量指出该因素对机组经济运行影响的比重，如果超出一定的范围，则实时性能监测及优化指导系统将报警。例如，当主蒸汽压力对煤耗的影响超过 1g/(kW·h)时，该数值背景会变为红色并闪烁以提示运行操作人员应该按照期望参数及时调整，以使机组回到经济运行状态。

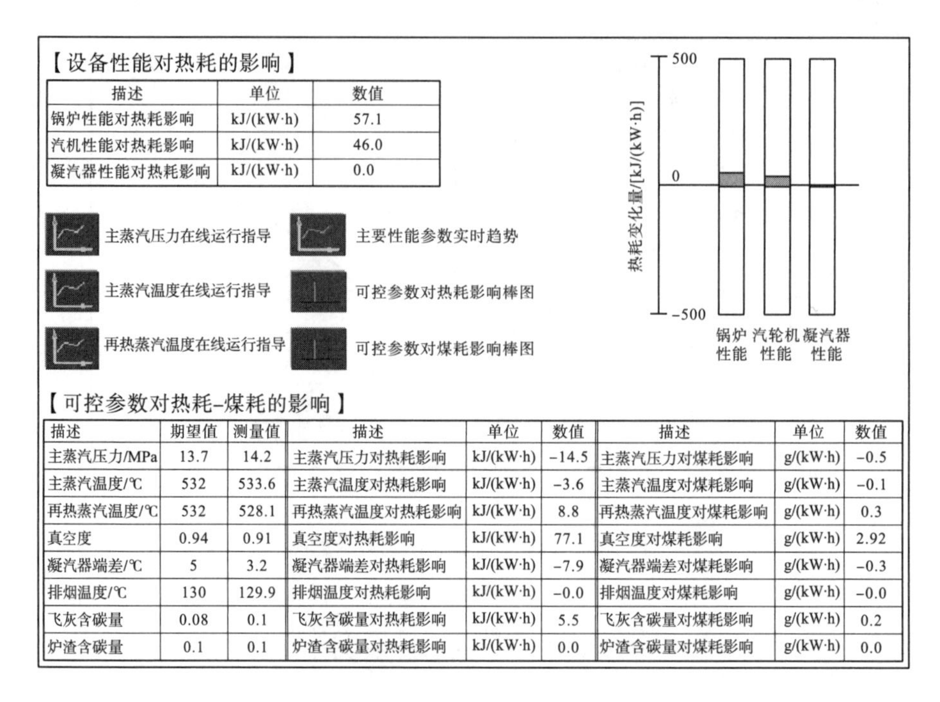

图 5.9 实时性能监测及优化指导系统影响因素分析界面

如图 5.9 所示，该主界面包含主蒸汽压力、主蒸汽温度、再热蒸汽温度等可控参数在线运行指导按钮、可控参数对热耗和煤耗影响棒图按钮，运行人员可以直观、方便地点击该按钮进入子画面中查看主参数的运行状态和实时趋势。如果发现某个主参数偏离了期望值而导致热耗或煤耗增加，可以通过及时调整使主参数更加逼近期望值运行，同时要注意其他运行参数对煤耗的影响变化，不造成顾此失彼，反而影响到整个机组的安全、经济运行[76]。

通过以上所述数据调和、在线热平衡计算、设备性能计算以及影响因素分析，实时性能监测及优化指导系统能够准确地以效率地图的模式指出目前设备的性能处于何种水平，是否有明显的性能下降趋势，可控参数操作是否以期望值为调整依据。同时，提供了海量的全电厂以及各个主要设备的性能参数。

通过咨询与优化服务可以给电厂提出切实可行的、有助于电厂经济运行的优化和调整措施，供电厂日常检修维护参考。目前，主要是通过实时性能监测及优化指导系统大量历史数据的人工分析和挖掘来找出机组性能发生变化(下降或改善)的根源，进而在此基础之上提出优化运行指导和维护措施，并且通过与电厂的协商和讨论，最终确定哪些措施是可以施行的，哪些措施还需要等待合适的时机。之后，电厂便可在日常运行和大、小修期间通过这些措施的落实来实现对相关运行参数的调整和设备的检修。

第六章　基于节能发电调度的火力发电厂厂级自动发电控制技术

发电厂厂级电力系统 AGC 是现代电网控制的一项新兴和重要功能，是建立在电网调度自动化的 EMS 和发电厂全厂负荷控制系统间闭环控制的一种先进技术手段。从电网侧看，AGC 的基本目标包括：①使系统内的发电出力与负荷平衡；②保持系统频率为额定值；③使净区域联络线潮流与计划值相等；④最小化区域运行成本。从电厂侧看，AGC 有利于电厂安全运行，实现全电厂各机组间负荷的优化调度。厂级 AGC 就是在接收电网调度全电厂负荷总指令或计划负荷曲线后，根据各台机组煤耗率、负荷响应速率、调节余量等，自动进行全电厂机组最优负荷分配，实现节能调度下全电厂二级优化分层管理原则。

厂级 AGC 功能要求全电厂负荷快速跟随调度全电厂负荷指令，它是一个实时控制系统，其负荷控制方式类似于把全电厂作为一个单元机组，其总体的负荷调节品质优于单机负荷控制相。全电厂负荷控制具有更高的智能化要求，在确保机组安全的前提下，根据全电厂负荷优化分配的结果，选择最有利的机组承担电网的变负荷任务。本技术主要包括：

(1) 厂级负荷优化分配系统的功能确定与总体结构设计。

(2) 高精度发电机组性能计算方法。

(3) 多约束负荷分配算法。

(4) 参数在线修正技术。

本章根据厂级负荷优化分配的功能需求，从电网调度、厂级分配、工程实现等方面开展深入研究，开发出功能完善、先进实用的厂级负荷优化分配系统，解决了若干关键技术问题，并在试点电厂成功应用。

第一节　厂级负荷优化分配系统功能确定与总体结构设计

一、厂级负荷优化分配系统主要功能

(1) 接收中调实时发送的全电厂负荷指令，同时在线采集生产运行数据，在满

足负荷响应快速性要求的同时实现机组间负荷的经济最优分配；并将优化分配结果直接送至机组协调控制系统(coordinating control system，CCS)，实现机组负荷的自动增减。

(2)在中调实时指令未及时送达时，系统根据已经接收到的中调负荷调度计划(96点负荷曲线)，在满足负荷响应快速性要求的同时实现机组间负荷的经济最优分配。

(3)系统自动计算机组稳态煤耗值，并根据机组负荷及外界条件分类保存，且随着运行时间的延长不断更新。

(4)系统能根据各机组在多个负荷点的煤耗值，自动拟合出各机组煤耗特性曲线，作为负荷优化分配的依据。

(5)系统能根据机组主、辅机状态自动设定负荷上下限。

(6)系统设定了负荷调节不灵敏区(“死区”)，当中调给定负荷与当前电厂总负荷之差小于“死区”时，根据负荷分配系统中的算法，通过实现对单台机组负荷的增减来完成中调负荷的变化要求，可避免机组的频繁调节。

(7)系统具有优化和比例运行等模式。

(8)系统可实现负荷分配的厂级和机组级的手动/自动无扰切换，值长站具有选择运行方式及手动调整各机组负荷指令的能力。

(9)系统采用冗余控制器、冗余I/O，关键信号硬连接，与CCS相配合，结构简单，可靠性高。

(10)系统具有报警组态、参数列表、信号强制等功能。

(11)系统具有系统管理员、运行操作人员、维护工程师等登录权限，避免越权操作。

(12)系统给出机组当前运行状态，并对操作过程具有记录与追忆能力。

二、厂级负荷优化分配系统总体结构

厂级负荷优化分配系统总体结构如图6.1所示。

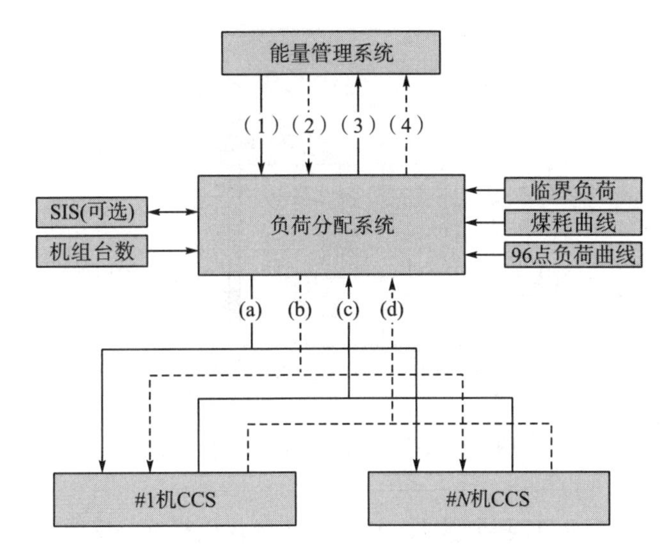

图 6.1 厂级负荷优化分配系统总体结构

图 6.1 中(1)～(4)及(a)～(d)为各系统间的联系信号。

厂级负荷优化分配系统硬件主要由控制器、I/O 及值长站组成。负荷分配系统(load distribution system，LDS)硬件及其与远程测控终端(remote terminal unit，RTU)、DCS 的原理接线图如图 6.2 所示。

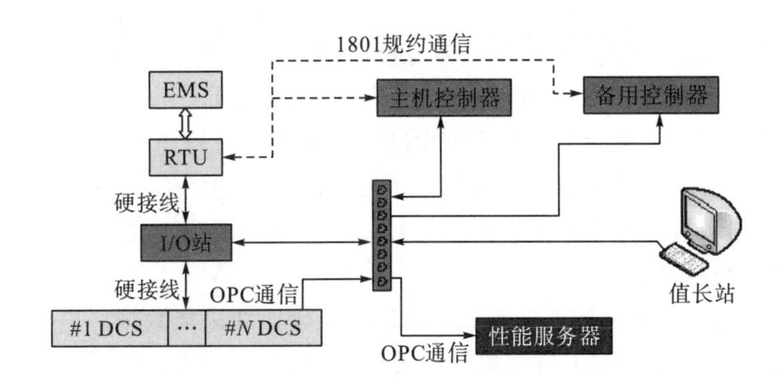

图 6.2 厂级负荷优化分配系统原理接线图

三、硬接线及数据通信并行数据采集

为了保证数据的可靠性，系统采用硬接线及数据通信并行数据采集方案，原理如图 6.3 所示。

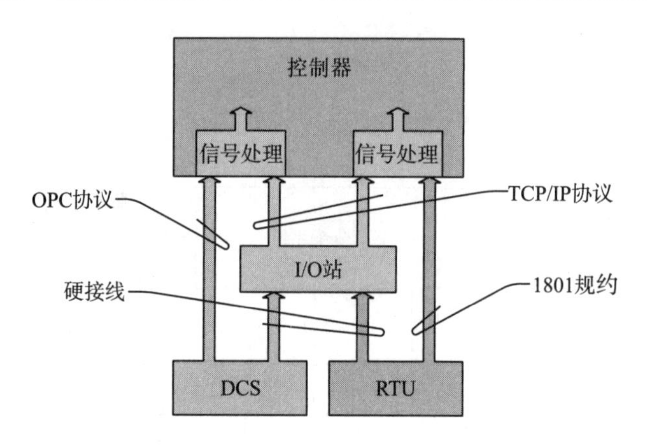

图 6.3 数据通信并行数据采集方案

对于从 DCS 或 RTU 获取数据，可分别选择仅硬接线、仅通信、硬接线优先、通信优先四种采集方式。

(1) 仅硬接线方式，控制器只从 I/O 站通过硬接线采集数据。对于 DCS，不进行用于过程控制的 OLE(OLE for process control, OPC) 数据采集；对于 RTU，不进行 1801 规约数据采集。当检测出硬接线信号故障时，发送相应故障信号。

(2) 仅通信方式，对于 DCS，控制器只从 OPC 数据采集；对于 RTU，只从 1801 数据采集，不通过 I/O 站进行硬接线采集数据。当检测出通信信号故障时，发送相应故障信号。

(3) 硬接线优先方式，控制器既从 I/O 站通过硬接线采集数据，也通过 OPC 数据采集(对于 DCS) 或 1801 规约数据采集(对于 RTU)，同时进行硬接线信号质量检测及通信信号质量检测。当检测出硬接线及通信信号均正常时，采用硬接线信号；当检测出硬接线故障、通信信号正常时，采用通信信号；当检测出硬接线正常、通信信号故障时，采用硬接线信号；当检测出硬接线故障、通信信号故障时，发送相应故障信号。

(4) 通信优先方式，控制器既从 I/O 站通过硬接线采集数据，也通过 OPC 数据采集(对于 DCS) 或 1801 规约数据采集(对于 RTU)，同时进行硬接线信号质量检测及通信信号质量检测。当检测出硬接线及通信信号均正常时，采用通信信号；当检测出硬接线故障、通信信号正常时，采用通信信号；当检测出硬接线正常、通信信号故障时，采用硬接线信号；当检测出硬接线故障、通信信号故障时，发送相应故障信号。

四、采集软件系统

厂级负荷优化分配系统软件由三个程序组成：主程序、OPC 数据采集与数据库程序、性能计算及历史数据库程序，三个程序使用方式如下。

1. 主程序

厂级负荷优化分配系统主程序，分别安装在各个工作站中。主程序运行后根据 IP 地址自动识别工作站类型，并完成冗余平台、数据采集与传输、优化计算、控制输出及显示操作等相应功能。

2. OPC 数据采集与数据库程序

OPC 数据采集与数据库程序用于从 DCS 获取性能计算测点实时值，并保存在实时数据库中。OPC 数据采集与数据库程序在性能服务器上运行。该程序同时拥有 OPC 客户端及实时数据库功能，可从 DCS 测点表中任意挑选所需要的测点，自动生成实时数据表。

3. 性能计算及历史数据库程序

性能计算及历史数据库程序用于进行性能指标在线计算，计算结果按照工况进行分类，并保存在历史数据库中。性能计算及历史数据库程序安装在性能服务器上运行。值长站主程序可读取性能计算实时值及工况历史值，构造机组煤耗曲线，作为负荷优化分配依据。

第二节 高精度发电机组性能计算方法

性能指标计算准确与否，是决定系统能否实现节能优化分配的关键问题之一。统计表明，在两次工况调整之间足够长的稳定运行区间内，机组在线性能指标的不确定范围约为 2%，相当于煤耗率变化范围约为 6g/(kW·h)，即机组在负荷及循环水入口温度边界条件相对确定的情况下，性能计算模型输出的不确定范围约为 2%。

影响性能指标计算准确性的因素主要有如下几个方面：

(1) 测量不确定性。机组性能计算模型的输入参数来自于系统数据采集设备，由于设计、制造、装配、检定等的不完善，元器件老化、机械部件磨损和疲劳等因素，测量设备将产生测量误差。另外，测量方法也会引入测量误差，在工业系统中往往将各种被测量转化为电量信号或采用各种间接测量方法，由于近似计算将引起测量误差。测量环境也是造成测量不确定的主要因素之一，对于电子测量，环境温度、电磁干扰、空气温度、湿度、大气压力等都会造成相关仪表的测量误差。

(2) 系统边界引起的不确定性。系统性能计算的基础是质量平衡与能量平衡。

因此，系统的隔离情况对计算结果的不确定度的影响比较明显。例如，当进行机组热力试验时，美国机械工程师协会制定的《汽轮机热力性能试验考核规程》(American Society of Mechanical Engineers Performance Test Code 6 on Steam Turbines，ASME PTC6)要求，不明泄漏量不能超过满负荷时主蒸汽流量的0.1%，我国的《汽轮机热力性能验收试验规程》(GB/T 8117—2008)要求，不明泄漏量不能超过满负荷时主蒸汽流量的0.3%～0.5%。因此，对于在线计算系统，加强系统设备的维护，查明系统缺陷等是一个基础性工作。甚至对于某些习惯上忽略或是没有足够重视的辅助流量也应该逐步实现准确测量，以提高在线性能指标的准确性。

(3)机组工况不稳定引起的误差。机组性能评价的理论基础是工程热力学，而工程热力学理论的所有定律都是建立在系统平衡态(稳定态)基础上的。对于一个实际的连续生产系统，稳定是相对的，由热力学定律及其方程计算所得的系统性能指标只能看作一种估计。对于一个实际的连续生产工业系统，各种参数的波动是不可避免的，只能找出某些关键参数，当这些关键参数进入其允许的波动范围时，在线计算结果才有较高的决策可靠性，反之，应该降低对其结果的决策依赖。

(4)理想化模型引入的误差。机组在线性能计算模型是人们用已知的热力学定律和过程特性对热力过程的一种数学描述。因而，它也难逃模型本身的特性。模型是用于了解真实目标系统的一个媒介，简化的或是未知的部分是引起模型输出不确定的根源之一。当系统的每一个环节都需要详细描述时，系统模型很复杂以至于不可计算而大大影响模型的可用性。另外，模型复杂化也将增加模型的不确定性，因此模型理想化是不可避免的。例如，由于当前汽轮机排汽干度的在线准确测量还存在技术上的困难，在机组在线性能计算中通常采用理论方法计算。

(5)工质物性参数变化引起的不确定性。从热力学的宏观角度来说，机组的性能指标是系统状态参数，如温度、压力等的函数，而工质的物性参数，如比热容、动力黏度等又是温度、压力的函数。工质的导热系数又直接与比热容和动力黏度有关。通常温度每升高5K，液体和蒸汽的比热容将增加1%，液体的黏性将下降4%，蒸汽的黏性将增加2%，致使液体的导热系数下降1%，而蒸汽的导热系数将上升3%。在工质处于临界点附近时，工质物性参数的变化范围将更大。

由此可见，对于热力机组这样复杂的多个环节互相耦合的传热传质热过程，任何环节或参数的变化将引起一系列过程变化，体现在系统性能指标上就是系统性能的不确定性。

一、热力系统拓扑结构矩阵分析法

针对计算模型存在的问题，用系统工程的观点，从系统的本质出发，揭示了热力系统拓扑结构与数学结构间一一对应的客观规律，提出了一整套全新的分析方法——热力系统拓扑结构矩阵分析法。

(一)机组汽水分布方程

整个机组的汽水分布是由系统的热力学状态参数(温度、压力)和相对独立的小汽水流量确定的。通过机组汽水分布方程可以分析参数变化对热力系统指标的影响规律。机组汽水分布方程描述如下:

$$\begin{bmatrix} q_1 & & & & & & & \\ \gamma_2 & q_2 & & & & & & \\ \gamma_3 & \gamma_3 & q_3 & & & & & \\ \gamma_4 & \gamma_4 & \gamma_4 & q_4 & & & & \\ \tau_5 & \tau_5 & \tau_5 & \tau_5 & q_5 & & & \\ \tau_6 & \tau_6 & \tau_6 & \tau_6 & \gamma_6 & q_6 & & \\ \tau_7 & \tau_7 & \tau_7 & \tau_7 & \gamma_7 & \gamma_7 & q_7 & \\ \tau_8 & \tau_8 & \tau_8 & \tau_8 & \gamma_8 & \gamma_8 & \gamma_8 & q_8 \end{bmatrix} \begin{bmatrix} D_1 + D_{f3} \\ D_2 \\ D_3 + D_{f1} \\ D_4 + D_{f2} \\ D_5 \\ D_6 \\ D_7 \\ D_8 + D_b \end{bmatrix}$$

$$+ \begin{bmatrix} D_{f3}(h_{f3} - h_1) \\ 0 \\ D_{f3}(h_{f1} - h_3) - D_{ss}(h_{ss} - h_{w4}) - D_{rs}(h_{rs} - h_{w4}) + (D_0 + D_{bl} - D_{ss} - D_{rs})\tau_p \\ D_{f2}(h_{f2} - h_4) \\ 0 \\ 0 \\ 0 \\ D_{f8}(h_{f8} - h_8) + \sum_{i=1}^{6} D_i(h_i - h_c) \end{bmatrix}$$

$$= \begin{bmatrix} (D_0 + D_{bl} - D_{ss})\tau_1 \\ (D_0 + D_{bl} - D_{ss})\tau_2 \\ (D_0 + D_{bl} - D_{ss})\tau_3 \\ (D_0 + D_{bl} - D_{rs})\tau_4 \\ (D_0 + D_{bl} - D_{rs})\tau_5 \\ (D_0 + D_{bl} - D_{rs})\tau_6 \\ (D_0 + D_{bl} - D_{rs})\tau_7 \\ (D_0 + D_{bl} - D_{rs})\tau_8 \end{bmatrix} \quad (6.1)$$

式中,D_i是第 i 级抽汽量;h_i是第 i 级抽汽比焓;h_{wi}是第 i 级出口水比焓;h_{di}是第 i 级疏水比焓;D_{fi}是进入第 i 级抽汽的辅助汽流流量,如轴封抽汽等;h_{fi}是该汽流的比焓；h_c 是汽轮机低压缸排汽比焓；D_0 是主蒸汽抽汽量；D_{ss} 是过热喷水流量；h_{ss} 是过热喷水比焓；D_{rs} 是再热喷水流量；h_{rs} 是再热喷水比焓；D_{bl} 是连续排污水流量；q、γ、τ 分别是抽汽放热量、疏水放热量与给水比焓升。其计算方法如下。

抽汽放热量 q：

对于疏水自流表面式加热器，有

$$q_i = h_i - h_{di} \tag{6.2}$$

对于汇集式加热器有

$$q_i = h_i - h_{w(i+1)} \tag{6.3}$$

疏水放热量 γ：

对于疏水自流面式加热器，有

$$\gamma_i = h_{d(i-1)} - h_{di} \tag{6.4}$$

对于汇集式加热器，有

$$\gamma_i = h_{d(i-1)} - h_{w(i+1)} \tag{6.5}$$

给水比焓升 τ：

$$\tau_i = h_{wi} - h_{w(i+1)} \tag{6.6}$$

给水泵焓升(指泵出口水和入口水的比焓差)为 τ_p。

(二)系统功率方程

经严格的理论推导及验证，1kg 新蒸汽所做的功为

$$\begin{aligned} W = {} & \alpha_{H0}(h_0 - h_2) - \alpha_{f4}(h_0 - h_2) - \alpha_1(h_1 - h_2) + \alpha_{I0}(h_r - h_4) \\ & - \alpha_3(h_3 - h_4) + \alpha_{L0}(h_4 - h_c) - \alpha_5(h_5 - h_c) - \alpha_6(h_6 - h_c) \\ & - \alpha_7(h_7 - h_c) - \alpha_8(h_8 - h_c) \end{aligned} \tag{6.7}$$

式中，α_{H0}、α_{I0}、α_{L0} 分别是高压缸、中压缸、低压缸蒸汽流量份额；α_i 是各级抽汽份额。

(三)系统吸热方程

单位工质锅炉吸热量为

$$\begin{aligned} Q = {} & (1-\alpha_{ss})(h_0 - h_{w1}) + \alpha_{rh}\sigma + \alpha_{bl}(h_{bl} - h_{w1}) \\ & + \alpha_{ss}(h_0 - h_{w4b}) + \alpha_{rs}(h_{rh} - h_{w4a}) \end{aligned} \tag{6.8}$$

式中，α_{ss} 为过热喷水流量与主蒸汽流量之比；α_{rh} 为再热蒸汽与主蒸汽流量之比；α_{bl} 为连续排污水流量与主蒸汽流量之比；α_{rs} 为再热喷水流量与主蒸汽量之比；h_0 为主蒸汽比焓；h_{w1} 为 1 号高压加热器出口比焓；h_{bl} 为连续排污水比焓；h_{w4b} 为热减温水喷水比焓；h_{rh} 为再热蒸汽比焓；h_{w4a} 为再热喷水比焓。

σ 为 1kg 工质在再热器中的吸热量：

$$\sigma = h_r - h_{eH} \tag{6.9}$$

式中，h_{eH} 是高压缸排汽焓；h_r 是中压缸进汽焓。

(四)机组能耗率指标方程

由系统功率方程、系统吸热方程结合汽水分布方程可独立确定机组能耗率：

$$\mathrm{HR} = \frac{Q}{\eta_b N_i \eta_m \eta_g} \tag{6.10}$$

式中，N_i 是机组内功率；η_b 是锅炉效率；η_m 是机械效率；η_g 是发电机效率。

锅炉效率按反平衡方法计算，一些不能在线测量的物理量需要手工置入。

二、机组性能稳定判定条件

通过对参数关系深入分析可以得出，闭式循环机组的循环水入口温度可以作为衡量机组性能稳定判断的状态参数。对照过程控制中通常以主蒸汽压力的波动性作为判断机组控制稳定性的指标，从机组性能的角度来看，当机组满足控制稳定性要求时，并不一定同时达到性能稳定。由统计分析可知，机组性能指标参数的过渡周期更长。在机组热力试验标准中(ASME PTC6 或 GB/T 8117—2008)，对系统工况的稳定进行了明确规定，如 ASMEP TC6 标准要求系统稳定期为 2h，试验时间为 2h。欧洲标准及其他国家标准也根据试验准确度要求高低的不同制定类似规定。由于热力试验并不涉及机组冷端参数，所以它没有明确给出工况稳定的判别标准，只是给出了一个时间段参考值。实质上，机组经过一定时间的稳定运行后就达到了循环水温度稳定的工况。

当在线计算时，从机组原始运行数据中确定可用于性能计算的数据就是通过合适的状态参数判断，使当前工况数据满足或近似满足热力试验标准约定的系统边界条件。热力学稳定工况数据的条件可表述为满足下列条件：

$$t_{\mathrm{interval}} \geqslant t_0 \tag{6.11}$$

$$|N_{\max} - N_{\min}| < \Delta N \tag{6.12}$$

$$|\theta_{\mathrm{W.max}} - \theta_{\mathrm{W.min}}| < \Delta\theta_{\mathrm{W}} \tag{6.13}$$

$$|P_{\max} - P_{\min}| < \Delta P \tag{6.14}$$

式中，t_{interval} 是稳定工况的持续区间；t_0 是区间的时间长度。$|N_{\max} - N_{\min}| < \Delta N$、$|\theta_{\mathrm{W.max}} - \theta_{\mathrm{W.min}}| < \Delta\theta_{\mathrm{W}}$、$|P_{\max} - P_{\min}| < \Delta P$ 分别是机组负荷、循环水入口温度及主蒸汽压力在该工况持续时间内保持在一定的范围内。ΔN、$\Delta\theta_{\mathrm{W}}$、$\Delta P$ 分别以各自仪表校验的标准随机误差线为参照。当然，上述判断条件也存在着由工况持续期间内的一个异常点(粗大误差点)而造成整个工况区间被丢弃的情况，可以引入合适的异常点剔除技术予以避免，尽可能多地获得有效数据。满足上述条件的工况称为机组性能稳定工况，以区别于机组控制系统稳定工况。

第三节 多约束负荷分配算法

一、问题描述

为保证通过厂级 AGC 优化分配机组负荷，有效提高电厂经济性并满足中调对电厂快速完成电网负荷的需求，本书提出一种基于快速性与经济性多目标优化的负荷优化分配动态数学模型。

目标函数：

$$\begin{aligned}\mathrm{Min}M(N_i)&=\sum_{i=1}^{n}m_i(N_i)\\&=w_\mathrm{e}\cdot\mathrm{Re}(N_i)+w_\mathrm{s}\cdot\mathrm{Rt}(N_i)\\&=w_\mathrm{e}\cdot\sum_{i=1}^{n}\left(\frac{t_i-t_\mathrm{ideal}}{t_\mathrm{ideal}}\right)^2+w_\mathrm{s}\cdot\sum_{i=1}^{n}\left(\frac{N_i-\mathrm{Nl}_i}{\mathrm{Nl}_i}\right)^2\end{aligned}\tag{6.15}$$

约束条件：

功率平衡约束，即

$$N_\mathrm{Total}=\sum_{i=1}^{n}N_i=\sum_{i=1}^{n}\mathrm{Nl}_i\tag{6.16}$$

负荷上下限约束，即

$$N_{\mathrm{min}i}\leqslant N_i,\ \mathrm{Nl}_i\leqslant N_{\mathrm{max}i},\ i=1,2,\cdots,n$$

权重约束，即

$$w_\mathrm{e}+w_\mathrm{s}=1\tag{6.17}$$

式中，Nl_i是第 i 台机组进行经济优化所分配的负荷，MW；N_i是第 i 台机组优化分配的负荷，MW；t_ideal是最短负荷变动时间，s；t_i是第 i 台机组经优化分配后的负荷变动时间，s；$\mathrm{Re}(N_i)$是经济性负荷优化改进目标函数；$\mathrm{Rt}(N_i)$是快速性负荷优化改进目标函数；$m_i(N_i)$是第 i 台机组的快速性与经济性目标值的加权和；$M(N_i)$是全厂所有机组的快速性与经济性目标值的加权和；w_e是经济性指标权值；w_s是快速性指标权值。

实际应用中，可根据运行需要人为调整 w_e 和 w_s 取值，以满足对经济性和快速性不同的需求。

二、优化算法

针对上述决策目标，选用动态规划法求解最优值，实际上是一个 n(全电厂机组总台数)阶段决策过程。

阶段：具有 n 台机组的电厂划分为 n 个阶段。

状态：设 i 阶段的状态变量为 X_i，代表前 j 台机组的总负荷。

决策变量：设 i 阶段的决策变量为 N_i，代表前 j 台机组承担的负荷。

状态转移方程：

$$X_{i+1} = X_i + N_{i+1} \tag{6.18}$$

边界条件：

$$X_0=0 \tag{6.19}$$

最优值函数：

$$M_i(X_i) = \min\sum_{j=1}^{i} m_j(N_j) \tag{6.20}$$

最优值函数代表总负荷为 X_i 时，前 j 台机组基于经济性与快速性的实际值与各自最优值误差百分比平方和的最小值。

决策集合：

$$G_i(N_i) = \{N_i|N_{\min i} \leqslant N_i \leqslant N_{\max i},\ N_i + X_{i-1} = X_i\} \tag{6.21}$$

式中，$G_i(N_i)$ 是允许的决策集合。

递推方程：

$$M_i(X_i) = \min\{M_{i-1}(X_{i-1}) + m_i(N_i)\} \tag{6.22}$$

通过动态规划得出负荷分配的结果。

第四节 参数在线修正技术

系统运行期间，某些参数需要在运行过程中在线修改，修改后直接起作用，不需要重新启动程序。对参数在线修改的一个基本要求是，当系统退出并重新进入后，原来所做的修改应继续维持[77]。

本项技术可以实现的在线修改包括信号调理、信号强制、信号质量及报警设置等[78]。

(1)信号调理，对于存在测量误差或非线性的信号，转换为工程量时应进行信号调理，对原始信号进行非线性处理。

(2)信号强制，对于模拟量，可以将信号强制为上、下限范围内的任意值；对于开关量，可以将其强制为 1 或 0。

(3)信号质量及报警设置，信号可能出现的故障包括断线故障、OPC 故障、超量程故障、超速故障等。

根据信号采集模式，系统可对信号坏质量进行组态，例如，在仅硬接线方式下，可以将断线故障、超量程故障、超速故障及其任意组合定义为信号坏质量。其中故障上下限、故障速率等也可在线设置。

当全电厂或机组功率指令、实际功率及功率偏差变化范围越限时，可以在显示操作界面上予以报警提示。报警参数也可以在线修改。

第五节　多执行回路控制系统限幅方法

火力发电生产过程中的风、煤、水等流量控制系统都不同程度地采用了多个执行机构，该系统中配置两个或两个以上的类似设备(广义上的执行机构)用于共同完成某一相同控制任务，称为多执行回路控制系统。该系统接收的是同一控制指令，而各执行回路的实际出力由于安装、运行条件的不同而存在差异，在实际工程应用中，各执行器内部出力调整给生产过程带来了不必要的扰动。例如，火力发电生产过程中的燃料控制系统，由于燃料系统的动态控制特性直接影响协调控制系统调节品质，从而影响 AGC 负荷调节精度，使 AGC 合格率达不到要求。

以某电厂为例，燃料控制器输出的控制指令实际上是 12 个容量风门的平均开度指令，为确保机组安全稳定运行，需要对各风门最大、最小开度进行限制(图 6.4)。实际运行中，由于各容量风门及其系统特性的差异，运行中对各风门开度的上、下限制值也不一样，所以限幅措施不能在控制器的输出指令上进行，只能在各执行回路中单独实施。常用的限幅措施存在的主要问题是：在自动工况下，当某执行回路指令达到限制值时，其输出指令受限不再发生变化，但当控制需要对其他没有达到限制值的执行回路继续向同方向调节时，控制器输出指令必然会继续向已被限制的

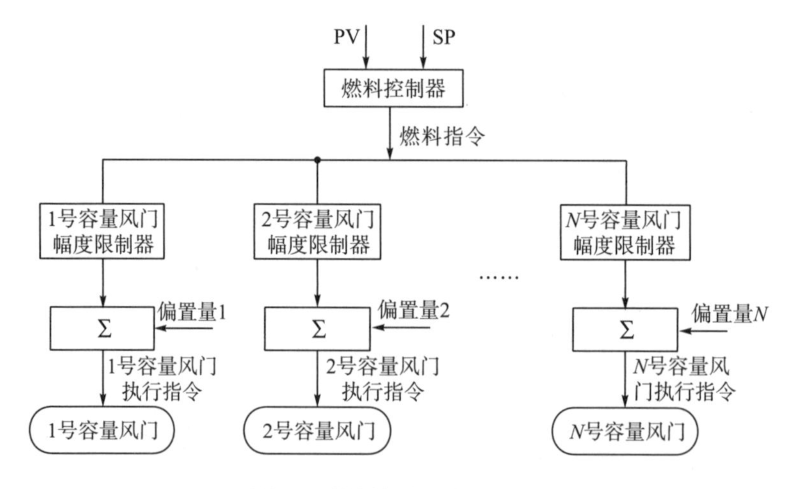

图 6.4　燃料控制多执行回路

方向发生变化，造成已被限幅的执行回路限幅前的控制指令远远偏离限制值，在控制系统反方向回调时，已被限幅的执行回路就需要克服这个偏离值所造成的死区后才会发生动作，类似于克服积分饱和的过程造成调节滞后，严重影响控制系统的调节性能。

为了防止多执行回路控制系统反方向回调滞后对自动发电控制产生影响，使得机组能良好地响应 AGC 的要求，本书提出了一种多执行回路控制系统限幅方法。该方法保证既能根据实际需要达到限幅的目的，又不会造成执行回路动作滞后。其特征在于：工艺过程控制器发出控制指令，经与自动跟踪校正回路给出的校正指令叠加后，再经过幅度限制器的限制，输出最终的执行回路指令。当执行回路指令达到或超过限制值时，自动改变执行回路偏置量(校正量)，使执行回路限幅前的指令始终等于限制值；当执行回路限幅前的指令向被限制的方向反向变化时，执行回路能及时响应，而无须克服限幅前的指令与限制值之间的差值死区后才能响应，克服了执行回路从限制值反方向回调时严重滞后的现象，该方法已得到发明专利授权。其原理图如图 6.5 所示。

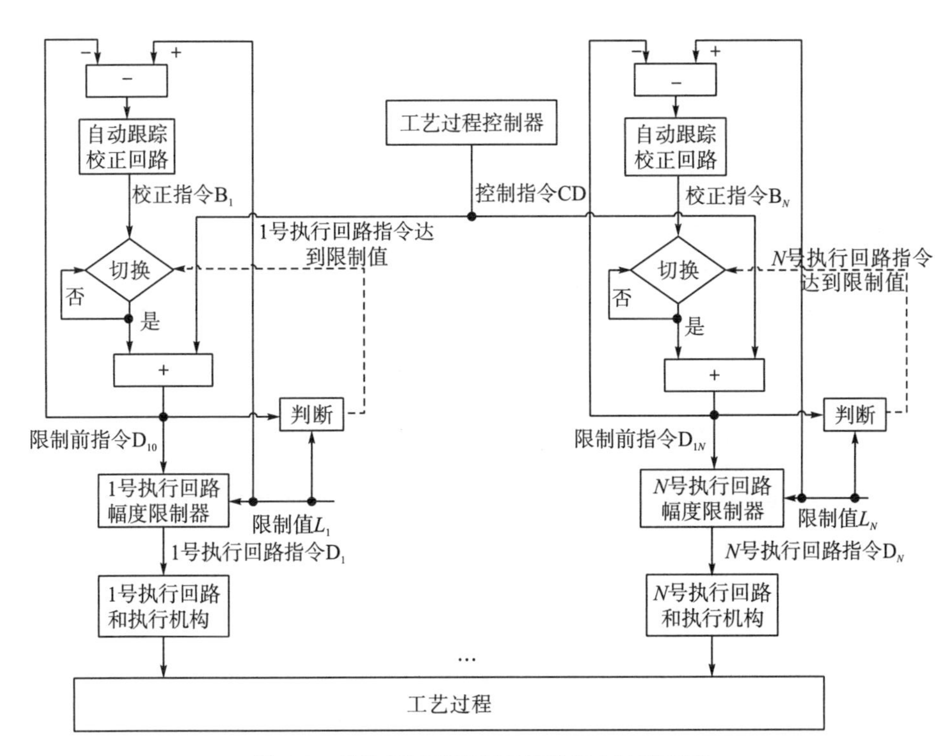

图 6.5　多执行回路控制系统限幅方法原理图

该限幅策略的中心思想是：自动状态下，当本执行回路指令达到限制值时，回路输出的执行回路指令受到限制，保持被限制值不变，执行机构不会再向被限制的方向动作，此时，自动跟踪校正回路所给出的校正指令被投入，不再保持不变，而是让其自动跟踪本执行回路的限制值与控制器输出指令之间的偏差，即

校正指令 = 本执行回路的限制值 - 控制器输出指令(上限或下限)

执行回路幅度限制前的指令 = 控制器输出指令 + 校正指令

当执行回路受限制时：执行回路幅度限制前的指令 = 本执行回路的限制值

此时，一旦控制器输出指令出现向被限制方向相反的回调，被限制的执行回路就能在限制值的基础上立即响应，使执行机构发生反方向动作，有效地克服限制死区，消除响应滞后的弊端，提高控制系统的快速性。

第七章　电网侧远程在线监测煤耗指标准确性保障技术

第一节　立足解决的问题

根据节能调度的要求，国内建设了许多电网节能调度火力发电机组发电能耗在线监测系统。此类系统结构完整，能满足国家统一调度的各项要求，但在使用过程中有几个较为突出的问题，威胁着系统指标的准确性，对该系统公平、公正运行带来影响。通过研究，本技术形成了一套标准、方法和制度，有效保障了电网节能调度火力发电机组发电能耗在线监测系统指标的准确性。

一、系统组成

电网节能调度火力发电机组发电能耗在线监测系统一般由两部分组成，两部分之间通过专用高速通信线路连接，系统拓扑结构如图 7.1 所示，系统数据流程见图 7.2[76]。

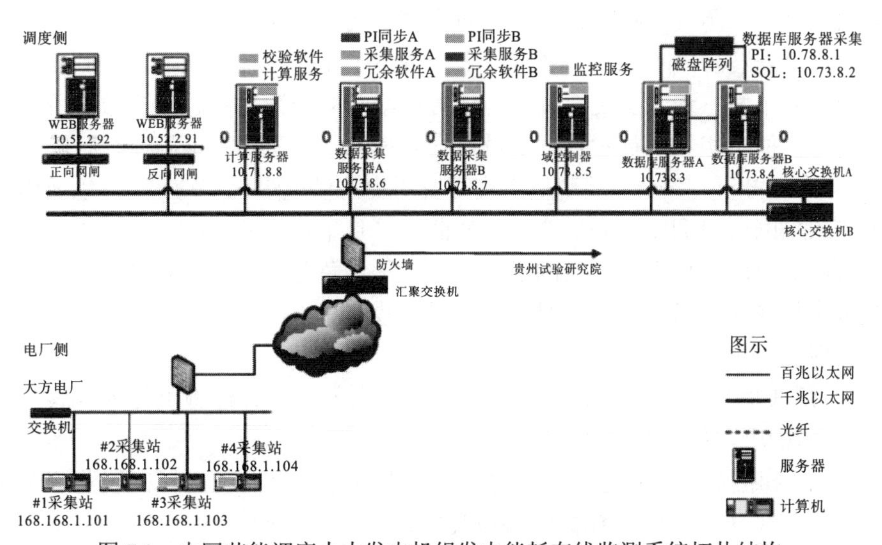

图 7.1　电网节能调度火力发电机组发电能耗在线监测系统拓扑结构

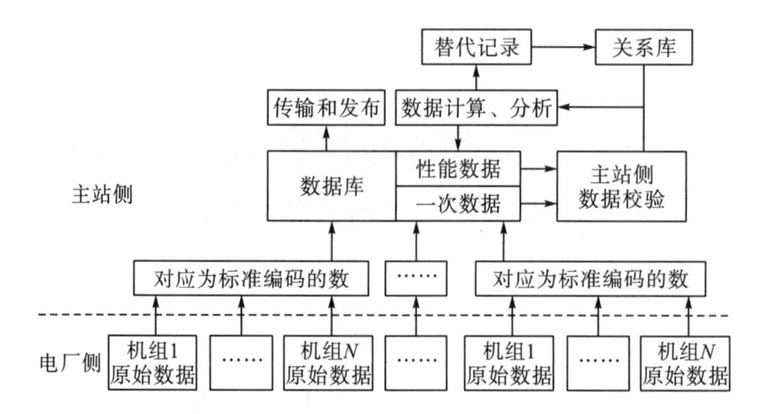

图 7.2 电网节能调度火力发电机组发电能耗在线监测系统数据流程

1) 电网调度侧主站系统

电网调度侧主站系统包括：主站侧煤耗在线监测硬件装置；主站侧与电厂侧数据通信软件；主站侧数据校验软件；主站侧机组级性能计算软件；主站侧煤耗分析软件；与主站侧上位系统及其他应用系统的数据接口软件；主站侧信息接收软件；主站侧信息发布软件。

2) 电厂侧采集系统

电厂侧采集系统包括：机组煤耗数据采集硬件装置；远程数据通信软件；OPC 客户机数据采集软件；机组煤耗计算设计与组态。

该系统主要包括以下功能：

(1) 机组性能计算与监视，利用热力系统图的方式展示机组在线运行实时数据、当前煤质分析数据以及性能计算数据。同时对相关测点数据进行分组，并以实时数据查询、历史数据查询及趋势曲线等方式进行甄别与监视。

(2) 数据校验，对电厂及机组的一次数据是否越限、校正状态及刷新状态进行实时查询并报警，通过历史查询的方式对一段时间内数据的越限次数和校正原因进行统计，便于相关人员对数据质量进行监视。

(3) 煤耗分析与统计，展现机组实时及历史的供电煤耗和功率值，以及由二者所形成的电网公司调度中心需要的煤耗曲线，是本系统的核心功能。同时，本模块还实现对电厂、机组及全网的日、月、年平均负荷，发电量，平均供电煤耗及用煤量进行横向、纵向的统计对比，以帮助政府、电网及电厂相关人员对节能调度的实现效果进行相关分析对比。

(4) 煤质信息接收与校验，实现电厂煤质录入、相关检测机构季度煤质的数据录入及历史煤质数据查询。

图 7.3 和图 7.4 分别是电网节能调度火力发电机组发电能耗在线监测系统机组性能监视画面及机组煤耗曲线和煤耗等微增率曲线的截图。

图 7.3　电网节能调度火力发电机组发电能耗在线监测系统机组性能监视画面

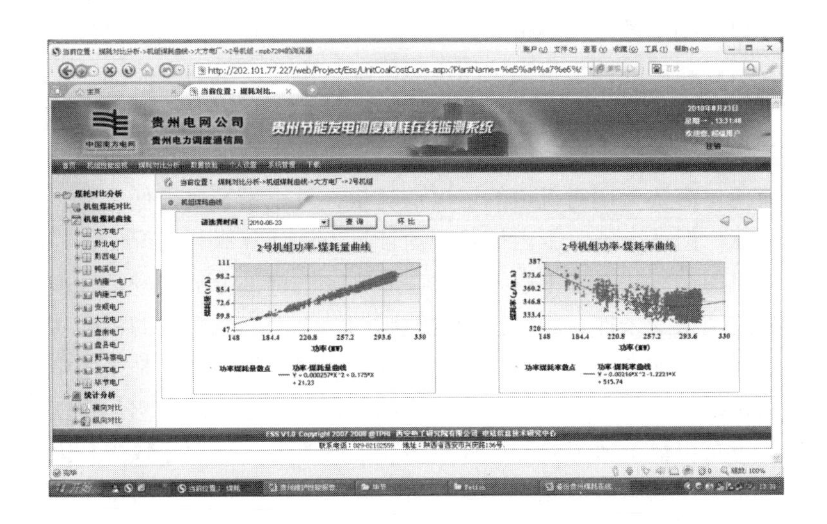

图 7.4　机组煤耗曲线和煤耗等微增率曲线

二、突出的问题

电网节能调度火力发电机组发电能耗在线监测系统结构完整，能满足国家统一调度的各项要求，但在使用过程中反映出以下三个突出的问题：

(1) 电网节能调度火力发电机组发电能耗在线监测系统缺乏自我判定运行准确性的功能，对于如何鉴定此类软件本身运行的准确性，目前国内还缺乏准确且标准的检测方法。

(2)电网节能调度火力发电机组发电能耗在线监测系统不具备鉴别在线监测装置数据采集准确性的功能，系统运行中一些无法预计的因素会使现场采集的数据发生较大误差，造成数据异常，经试验证明此类异常数据的直接采入将会对供电煤耗的计算结果产生较大的影响，使系统无法达到公平、公正运行的原则。

(3)对于诸如煤质及灰渣可燃物等人工录入数据，电网节能调度火力发电机组发电能耗在线监测系统自身无法避免人工干预的问题，无法保证系统的公平、公正运行。

第二节　煤耗在线监测系统计算模型确定

在煤耗的实际计算中，通常有两种方法[80]：一种是直接利用煤耗量和发电量的比值再结合发热量等参数来计算，称为正平衡计算方法，如能准确地计量入炉煤量、入炉煤收到基低位发热量和发电量，正平衡计算方法由于测量数据少，累积误差小，所以能更好地反映锅炉的实际情况。由此，电力工业部于 1993 年 11 月颁发了《火力发电厂按入炉煤量正平衡计算发供电煤耗的方法(试行)》的通知。目前，电厂也多采用正平衡计算方法进行发、供电煤耗的监测工作。其特点是测试、计算简便，需要长期对机组的燃煤消耗量、发电量及燃煤低位发热量等参数进行统计计算。但就全省范围内按正平衡计算方法计算煤耗情况而言，由于入炉煤机械采样机的运行状况并不令人满意，采样、制样部分的问题都较多。入炉煤发热量的测定结果受采样、制样精密度的制约，无法达到较高的精度从而大大影响了标准煤耗计算的准确性。此外，对于大型燃煤机组，尤其是采用中间储仓式制粉系统的机组，由于受煤仓、粉仓料位测量误差等因素的影响，要在短时间内准确测量一定发电量下所消耗的燃煤量是相当困难的，误差也较大。因此煤耗在线监测系统中采用第二种方法——反平衡计算方法，即按反平衡试验方法计算机组的锅炉效率、汽轮机热耗、厂用电率等参数，再折算出机组的发、供电煤耗[78]。

由于煤耗在线监测系统用于节能调度控制，而非一般运行指导意义或定性分析的参考，并且直接涉及各发电企业间的经济利益分配，所以在计算模型的规范性上严格把关，确定以下原则规范细化计算方法，确保了数据计算的准确可靠。

1)排烟热损失采用增设的空预器出口含氧量测点计算

由于空预器漏风率与负荷工况有关，且受空预器的设备状况影响较大。如果空预器出口含氧量采用空预器入口含氧量和漏风率反算，除增大煤耗计算误差外，空预器漏风率的人工定期测量和数据录入工作也带来很多数据管理上的问题。

2) 基准温度采用送风机入口温度计算

从简化计算角度考虑，如果基准温度采用送风机出口温度，则可以避免计算风机、暖风器等装置所带来的输入热。但依据《电站锅炉性能试验规程》(GB/T 10184—2015) 应以送风机入口温度作为基准温度，虽然造成计算模型复杂化，部分机组需要增加现场测点，但保证了锅炉排烟热损失的准确计量和发供电煤耗的计算。

3) 空气绝对湿度按照地域分为夏、冬季节进行修正

在经验参数选取上，按照简化效率计算原则将空气绝对湿度取为0.01kg/kg(干空气)。为了确保系统的准确、可靠，结合作者以往锅炉效率计算经验中夏季和冬季空气绝对湿度的变化对效率计算的影响，空气绝对湿度按照地域分为夏、冬季节进行修正。

4) 按照性能试验规程对计算模型中的经验数据进行核查

按照《电站锅炉性能试验规程》(GB/T 10184—2015)、《汽轮机热力性能验收试验规程》(GB/T 8117.1—2008)，除对计算方案经验公式中常数的选取上逐项进行认真的审核外，还对计算程序源代码中公式的选取逐项加以核查，对灰渣物理热损失计算及灰比热容计算公式中与国家标准不同的地方进行修订。

5) 计算模型中加入正平衡计算方法统计煤耗进行数据比对核查

除反平衡计算方法作为节能发电调通的依据外，提出采集给煤机出力参数，在计算程序中加入正平衡煤耗统计数据，便于对反平衡计算方法的数据进行比对核查，及时发现反平衡计算中由测点问题、程序故障等原因造成的各种误差。

6) 影响煤耗计算的重要数据设置标定系数

为了保证计算的真实、准确、可靠，涉及对火力发电企业撞击式或在线测碳仪的取样标定、排烟含氧量及温度场的网格测量标定等工作，在必要的情况下，可能需要对现场传输过来的相关数据进行一定的修正，在系统设计和计算模型上给予充分的考虑，为系统后期的维护管理工作提供了便利。

7) 影响煤耗计算的重要参数按设计值拟合偏差带进行异常替换

DCS 中一些重要测点如机组给水流量、排烟温度、排烟含氧量等一旦出现数据异常将直接影响到机组的煤耗计算，经过多次讨论，采取按照设计参数拟合偏差带的方法加以规避。

8) 对手动录入煤质数据的准确性进行后台判断

考虑到手动录入数据对机组煤耗的影响，采取了以下方法：一是在后台设置手动录入数据的合理范围，避免电厂误填误报；二是根据全省煤质的特点，拟合组分及热值的二次曲线，规避化验分析失误；三是对煤质组分之和进行后台分析判断，避免煤质基准转换时出现失误。

9) 根据热力试验数据选择计算模型中的经验参数

根据长期开展热力试验掌握的经验数据，对计算模型中的一些参数进行修正，

以使计算更为准确可靠，如常规煤粉炉、W 型火焰锅炉、循环流化床锅炉的灰渣比等。

第三节 检测煤耗在线监测系统监测准确性的测试方法

本节提出检测煤耗在线监测系统监测准确性的测试方法并用于系统实际运行，弥补电网节能调度火力发电机组发电能耗在线监测系统自我判定运行准确性的功能不足。

技术方案包括以下三个具体内容[82]：

(1)检测煤耗在线监测系统计算程序是否准确；

(2)检测煤耗在线监测系统测点安装位置和测量元件精度对计算结果的影响，检查其是否能够保证计算结果的准确性；

(3)检测电厂录入煤耗在线监测系统的煤质数据、灰渣可燃物数据是否准确。

与现有技术比较，通过采取上述三个检测内容，可分别对系统的软件、系统的监测硬件、人为可干预部分进行检测，全面检查计算模型、测点位置等各方面对基础煤耗计算的影响，从而尽可能保证多套系统之间的公平、公正运行的原则，更好地落实国家节能减排优化调度政策，为电网节能调度火力发电机组发电能耗在线监测系统的执行做了进一步完善。本研究内容不仅填补了国内电力行业在检测煤耗在线监测系统监测准确性的空白，对于煤耗在线监测系统的运行、管理、煤耗比对试验开展方面有重要的指导和借鉴作用。具体实施方案如表 7.1 所示。

表 7.1 检测煤耗在线监测系统监测准确性的具体实施方案

主要项目	基准工况（煤耗在线监测系统）	比对试验 1	比对试验 2	比对试验 3
煤质及灰渣可燃物	电厂手动录入	电厂手动录入	电厂手动录入	试验分析化验数据
排烟温度	系统采集数据	系统采集数据	实测数据	实测数据
排烟含氧量	系统采集数据	系统采集数据	实测数据	实测数据
计算程序	监测系统自带程序	标准计算程序	标准计算程序	标准计算程序

方案具体实施时按以下三个步骤进行[83]：

(1)表 7.1 对比试验 1。在标准计算程序中输入与煤耗在线监测系统采集的煤质、灰渣可燃物、排烟温度和排烟含氧量等数据进行计算，计算结果与煤耗在线监测系统所得值进行比对，检测煤耗在线监测系统计算程序的准确性。由于录入数据与煤耗在线监测系统的基准工况完全一致，对比试验 1 主要检查煤耗在线监测系统编制的计算程序是否准确；

(2) 表 7.1 对比试验 2，在步骤(1)基础上，煤质、灰渣可燃物相同的情况下，在标准计算程序中输入通过比对试验现场实测的排烟温度和排烟含氧量进行计算，计算结果与煤耗在线监测系统所得值进行比对，检测煤耗在线监测系统测点安装位置、精度、准确性对煤耗计算结果的影响。在步骤(1)基础上是指检测煤耗在线监测系统计算程序与标准计算程序相同。在步骤(2)中排烟温度和排烟含氧量的实测数据可分两次输入，分别对煤耗在线监测系统的排烟温度和排烟含氧量的测点安装位置、精度、准确性进行检测。

(3) 表 7.1 对比试验 3，在步骤(2)基础上，在标准计算程序中输入通过比对试验现场实测的排烟温度和排烟含氧量、比对试验期间的实测煤质和灰渣可燃物的试验分析化验数据，进行计算，计算结果与煤耗在线监测系统所得值进行比对，检测试验分析化验的煤质和灰渣可燃物数据与电厂录入数据的偏差及对煤耗计算结果的影响。

通过采取上述三个检测步骤，可分别对系统软件、系统监测硬件、人为可干预部分进行检测，使电网节能调度火力发电机组发电能耗在线监测系统的煤耗指标真实性、准确性得到保障，从而尽可能地保证了多套此系统之间的公平、公正运行的原则，更好地落实了国家节能减排优化调度政策。

第四节　煤耗在线监测系统中异常数据的判定及替换系统

煤耗在线监测系统中异常数据的判定及替换系统可防止偏差较大数据录入煤耗在线监测系统，具有异常数据的判定及替换功能，能够克服现有技术的不足。该系统由四个基本模块构成：

(1) 基准模块；

(2) 异常数据判定模块；

(3) 异常数据替换模块；

(4) 报警及记录模块。

与现有技术比较，本系统在数据录入通道上设置基准模块、异常数据判定模块和异常数据替换模块，当录入的数据超出系统最优运行的范围时，异常数据替换模块就会对异常数据进行替换，使输入煤耗在线监测系统内的数据不会发生太大的偏差，尽可能保证系统公平、公正运行，更好地落实国家节能减排优化调度政策，为电网节能调度火力发电机组发电能耗在线监测系统的执行做进一步完善。图 7.5 为该系统的结构示意图。

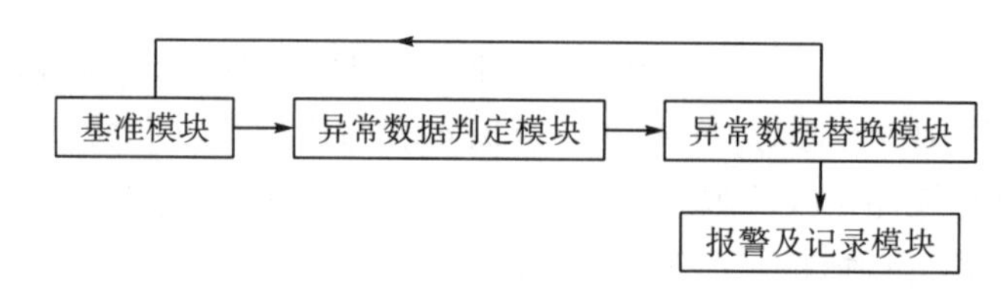

图 7.5 煤耗在线监测系统中异常数据判定及替换系统结构示意图

本系统与煤耗在线监测系统的现场数据采集输入信号线相连接，在系统投入时，前述四个基本模块的功能实现描述如下：

(1) 基准模块，与异常数据判定模块连接，是与煤耗在线监测系统现场采集数据进行比对的基准；基准模块的基准为发电机组 A 级检修后的额定运行状态，也可为发电机组 A 级检修后的额定运行状态加上、下偏差值，上、下偏差值为发电机组额定运行状态的 2%。

(2) 异常数据判定模块，与异常数据替换模块连接，用以判定煤耗在线监测系统现场采集的数据是否超出基准模块的基准范围，如果现场采集的数据超出基准模块的基准范围，则认定该数据是异常数据，发现异常数据向异常数据替换模块发出信号。

(3) 异常数据替换模块，与基准模块连接，调取基准模块的基准值替换异常数据，使输入煤耗在线监测系统内的数据不会发生太大的偏差。

(4) 报警及记录模块，在异常数据替换模块上设有报警及记录模块，对替换原始数据加以记录并进行语音提示，便于管理人员的查询。

第五节 确保煤耗在线监测系统公平、公正、公开运行的方法

本节通过建立可确保煤耗在线监测系统公平、公正、公开运行的方法及数据库系统，以克服现有技术的不足。

数据库系统包括：

(1) 取样及数据采集系统；

(2) 计算参数留样系统；

(3) 随机抽查系统；

(4) 试验对比系统；

(5) 监督部门人工数据核查系统。

与现有技术比较，通过上述几种管理系统，针对可能存在人为干预的各环节进行多步骤、多环节、多部门的核查管理，从系统运行维护的各角度降低人为干预的概率，尽可能保证系统公平、公正、公开运行，确保煤耗在线监测系统提供

准确、可靠的煤耗数据。各子系统的功能实现描述如下。

1) 取样及数据采集系统

发电企业每日取样的原煤和飞灰样，均分为两份。一份用于数据分析采集，将采集的数据人工输入煤耗在线监测系统；另一份留样备查，保存期限为 1 周。

2) 计算参数留样系统

煤耗在线监测系统中的 DCS 或 SIS 的历史数据，涉及煤耗计算的重要参数应保留 1～4 周，有关监督部门可根据具体情况，要求发电企业提供某一时段的历史数据进行比对。如果下一个四周后的周日前未接到检查组的抽查送检要求，可将备样舍弃或将历史数据删除。

3) 随机抽查系统

有关监督部门可不定期到发电企业，对原煤、飞灰、大渣的取样、制样、分析化验方法进行检查，可根据需要自行采样，对煤耗在线监测系统中的一次测量元件、DCS 内参数设置情况等进行抽查，发电企业应予以积极配合。

4) 试验对比系统

发电企业应根据煤耗在线监测系统运行监督的需要，提供机组大修或重大技术改造后典型负荷工况下的效率及供电煤耗测试报告。试验前电厂应将机组调整到最佳运行工况，由具有资质的单位按照《电站锅炉性能试验规程》(GB/T 10184—2015) 和《汽轮机热力性能验收试验规程》(GB/T 8117.1—2008) 进行测试并提供正式的试验报告。以此作为参考，与同一运行周期内的手动录入值(如灰、渣含碳量等)或计算结果(如锅炉效率、汽轮机效率、供电煤耗等参数)进行对比判断。

5) 监督部门人工数据核查系统

有关监督部门根据数据校验规则和管理制度执行的具体情况，每周安排专人对发电企业手动录入数据进行检查判断，若确认数据异常，则及时以异常数据核查通知单的形式告知发电企业进行检查处理。发电企业收到异常数据核查通知后仍刻意输入异常数据，有关监督部门在汇报职能部门并得到调度机构的同意后，可行使数据否决权，该机组将退出煤耗排序。

第六节　汽轮机阀门流量特性试验及管理曲线优化

由于该煤耗在线监测系统是利用反平衡计算方法开发的，反平衡计算方法是根据锅炉供出的总热量和锅炉热效率，先推算出耗用的标准煤数量，再推算出原煤数量。提高采用反平衡计算方法计算发电耗用标准煤量的准确性，关键在于提高各计量点流量和温度的计量准确性。而主蒸汽吸热量的计算重点在于主蒸汽流量的确定。为此，总结了一种汽轮机阀门实际流量特性测试方法，该方法能准确地测得汽轮机阀门的实际流量特性，目前该方法已获得发明专利授权。

该方法是在保证流过阀门介质的参数相对稳定的前提下，测试得到阀门各种开度下流过阀门的介质流量，再根据弗留格尔公式对测得的介质流量进行压力和温度修正，得到各个高调门流量与开度之间的特性关系，并通过仿真验证后最终得到准确的阀门实际流量特性曲线[84]。

一、测试依据

进入汽轮机的主蒸汽流量G_{ms}受高压缸调节阀开度μ_{ms}和主蒸汽压力P_{ms}的影响：

$$G_{ms} = K\mu_{ms}P_{ms} \tag{7.1}$$

当主蒸汽压力P_{ms}保持不变时，主蒸汽流量G_{ms}就只受高压缸调节阀开度μ_{ms}的影响，即流量特性Y_G是高压缸调节阀开度μ_{ms}的单变量函数：

$$Y_G = f_G(\mu_{ms}) \tag{7.2}$$

阀门的开度-流量特性为$f_G(\mu_{ms})$，调节阀的实际开度μ_{ms}由控制系统的流量指令(总阀位指令)D和阀门管理曲线$f(D)$决定，有

$$Y_G = f_G\left[f(D)\right] \tag{7.3}$$

式(7.3)就是顺序阀下实际流量特性测试的依据，所测试的是顺序阀下控制系统的流量指令(总阀位指令)与进入汽轮机实际蒸汽流量之间的特性关系。

设各调节阀的开度-流量特性分别为$f_{G1}(\mu_{1ms})$、$f_{G2}(\mu_{2ms})$、…、$f_{Gn}(\mu_{nms})$，则

$$Y_G = f_{G1}(\mu_{1ms}) + f_{G2}(\mu_{2ms}) + \cdots + f_{Gn}(\mu_{nms}) \tag{7.4}$$

当第i个阀门的开度μ_{ims}发生变化而其他阀门的开度保持不变时，流量变化部分ΔY_G的特性所反映的就是第i个阀门的流量特性，即

$$\Delta Y_G = f_G(\mu_{ims}) \tag{7.5}$$

此时实际的主蒸汽流量为

$$G_{ms} = K_i\mu_{ims}P_{ims} + G_c \tag{7.6}$$

式中，K_i是开度发生变化阀门的流量系数，它与开度固定不变(全开)的阀门数量有关；G_c是流经开度固定阀门的蒸汽流量总和。

式(7.6)就是单个阀门实际流量特性测试的依据，所测试的是单个高压调速汽门的实际流量特性。

二、数据的补偿计算

由于测试过程中，主蒸汽压力、温度等参数不可能保持不变，特别是在阀门开度不变时，主蒸汽压力的变化对蒸汽流量影响很大，需要进行补偿计算，将实际蒸汽流量换算到基准工况下，计算公式为

$$G_r = G_t\frac{P_r}{P_t} \tag{7.7}$$

或

$$P_{1r} = P_{1t}\frac{P_r}{P_t} \tag{7.8}$$

式中，G_r 是换算到基准工况(rated)下的蒸汽流量；G_t 是实测(tested)蒸汽流量；P_{1r} 是换算到基准工况下的高压调节级压力；P_{1t} 是实测高压调节级压力；P_r 是基准主蒸汽压力，一般取测试开始时刻的压力值；P_t 是实测主蒸汽压力。

由于目前大型火力发电机组的蒸汽流量都是通过高压调节级压力计算得到的，已经考虑了主蒸汽温度的影响，所以在主蒸汽温度变化幅度不大(±10℃以内)时可以不考虑主蒸汽温度变化的影响，利用式(7.7)或式(7.8)进行蒸汽流量的补偿计算即可。

若测试过程中主蒸汽温度变化较大，则可考虑进行主蒸汽压力和温度的双重补偿，计算公式为

$$G_r = G_t\frac{P_r}{P_t}\sqrt{\frac{273.15+\theta_t}{273.15+\theta_r}} \tag{7.9}$$

式中，θ_t 是实测主蒸汽温度；θ_r 是基准主蒸汽温度，一般取试验开始时刻的温度值。

三、测试内容、测试条件及测试步骤和具体方法

(一)测试内容

1. 阀门总指令与进汽流量特性测试

汽轮机进汽调节门在顺序阀工作方式下(指多个进汽调节门按预先设定的程序，在阀门控制指令的作用下，按顺序进行开关动作来调节进汽量，这种工作方式经济性好，是汽轮机使用的主要运行方式)，改变阀门控制指令，测试阀门控制总指令与进汽流量之间的特性关系。

2. 单个进汽调节门流量特性测试

保持其他进汽调节门全开不动，逐个对单个进汽调节门进行开关，测试出各个进汽调节门的流量特性。

(二)测试条件

(1)进汽调节门控制系统正常、阀门动作灵活可控。

(2)阀门开度、进汽流量或汽轮机输出功率、进汽温度和压力等信号测量准确、灵敏。

(3)机组运行稳定，有功负荷能在100%额定负荷至60%额定负荷之间变化。

(4)整个测试过程要求进汽压力、温度等主要参数相对稳定。

(三)测试步骤和具体方法

1. 阀门总指令与进汽流量特性测试

(1)机组负荷升至额定负荷的95%左右。
(2)调整主蒸汽压力，使所有进汽调节门全开。
(3)将进汽调节门控制系统切为开环手动运行方式。
(4)人工逐渐减小阀门控制总指令，其步长为1.5%、变化速率为1.5%/min，每个目标点停留约5min。
(5)待主蒸汽压力及主蒸汽温度、再热蒸气温度等参数稳定在试验开始时的值后，记录主蒸汽压力、主蒸汽温度、调节级压力、主蒸汽流量、阀门控制总指令、各进汽调节门指令和开度、机组有功功率等参数，直至按顺序设定的、应最后关闭的进汽调节门开始关闭。
(6)使用以上方法进行一次反方向的测试。

2. 单个进汽调节门流量特性测试

(1)机组负荷升至额定负荷的95%左右。
(2)调整主蒸汽压力，使所有进汽调节门全开。
(3)将进汽调节门控制系统切为开环手动运行方式。
(4)保持其他进汽调节门全开不动，人工逐渐减小被测进汽调节门的控制指令，其变化速度和幅度以保证机组稳定运行和主蒸汽压力相对稳定为前提，可根据机组运行的实际情况而定，且整个过程中不要求始终保持一致。特别注意指令的变化幅度和速率应考虑阀门的实际流量特性，在实际流量变化大处变化速度和幅度应小。原则上在0%～20%段按2.5%/min的速率每减少2.5%停留5min，在20%～50%段按5%/min的速率每减少5%停留5min，在50%～60%段按10%/min的速率每减少10%停留5min，在60%～100%段按20%/min的速率每减少20%停留5min。
(5)在每个停留点，待有关参数稳定在试验开始时的值后，记录主蒸汽压力、主蒸汽温度、调节级压力、主蒸汽流量、阀门控制总指令、各进汽调节门指令和开度、机组有功功率等参数，然后进行下一点的测试，直至该阀门全关。
(6)使用以上方法进行一次该阀门反方向(从全关到全开)的动作测试，完成单个进汽调节门的实际流量特性测试。
(7)对其他所有进汽调节门按此方法进行单个进汽调节门的实际流量特性测试。

(四)仿真验证

修改各高调门阀门管理曲线$F_1(x)$，…，$F_6(x)$，取各高调门实际流量特性模型(开度-相对流量模型)的反函数为各高调门实际管理曲线(总阀位指令-阀门开度指令)，即 $H_1(x)$，…，$H_6(x)$，并置入 DEH 阀门管理逻辑中，将各高调门实际流量特性模型(开度-流量模型) $G_1(x)$，…，$G_6(x)$，连接到 DEH 的各阀门指令输出逻辑上，如图 7.6 所示。在顺序阀方式下进行升降总阀位指令的仿真，得到总阀位指令和蒸汽流量的关系。

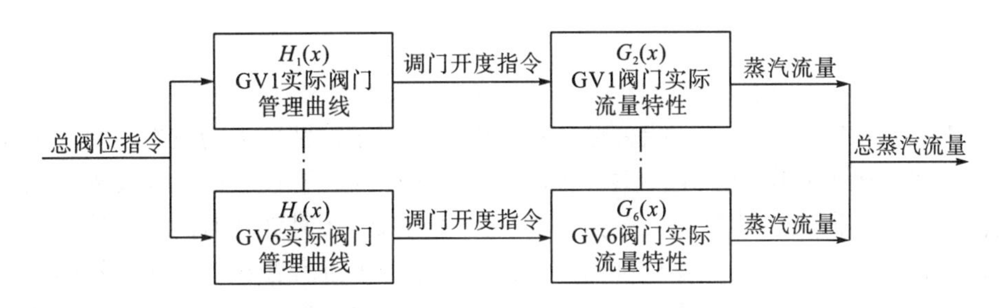

图 7.6　阀门特性曲线仿真优化示意图

对比图 7.7 和图 7.8 可知，采用该方法进行优化后，各阀门衔接平稳，无蒸汽流量停顿和大幅度突变的现象存在，迟缓率良好，流量特性无论从线性度还是连续性上都比优化前有了很大的提高。

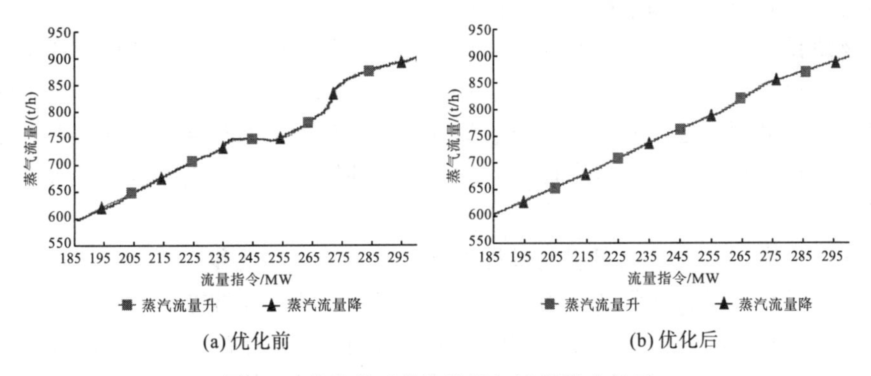

图 7.7　优化前后蒸汽流量与流量指令关系

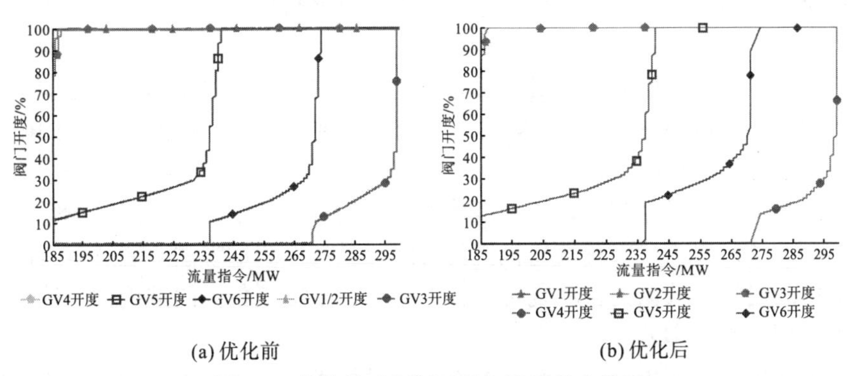

图 7.8　优化前后阀门开度与流量指令关系

第八章 总 结

本书介绍的火力发电节能关键技术包含 5 个子项，涵盖火力发电主要环节及系统，渗透火力发电企业电能生产各环节的技术层面和管理层面，涉及锅炉燃烧优化及改造、锅炉启动节能关键技术、火力发电机组实时性能监测及在线运行优化指导、厂级负荷优化调度与自动控制技术、电网侧远程在线监测煤耗指标准确性保障等具体内容。项目的各个子项紧紧围绕火力发电节能降耗这一主线，既相互独立，又相互支持、相互关联，融为一体。

入炉煤质在线辨识应用基于热力过程机理的全流程动态建模技术和动态能量、质量衡算等方法，研究开发了高精度的大型火力发电机组煤质实时辨识系统并成功实施，辨识精度高于 5%，为机组及时调整运行方式及优化控制提供了关键数据支撑，有效地提高了机组安全性和经济性。

燃烧系统改造与优化调整获取了典型低挥发分煤样在低气压条件下燃烧特性参数的变化规律，建立了一种以有限空间射流动量矩守恒为基础的 W 型火焰锅炉稳燃、燃尽准则并成功应用；提出了改善锅炉水动力特性和上、下水冷壁吸热比例、均衡炉内热负荷、优化水煤比自动调节特性等方法，提出减少锅炉水冷壁超温的方法及装置。

大容量锅炉启动节能对启动过程中能耗最高的水冲洗和吹管阶段进行研究优化，提出了热力设备化学清洗系统的临时管连接方法及冲洗方法，提出了直流锅炉吹管过热蒸汽温度提升方法，发明了带炉水循环泵直流锅炉的水冲洗方法。

实时性能监测及优化指导介绍了用于火力发电机组热力性能分析的“期望值”指标体系，发明了一种火力发电机组快速甩负荷燃料控制方法，实现了对机组性能的评估与运行指导。

基于节能发电调度的火力发电厂厂级 AGC 技术研发基于节能发电调度多目标多约束优化控制算法的厂级 AGC，发明了一种多执行回路控制系统的限幅方法，自动进行全厂机组最优负荷分配，实现节能调度下网厂二级优化分层管理。

电网侧远程在线监测煤耗指标准确性保障技术设计了煤耗在线监测系统准确性的检测方法，提出了一种汽轮机阀门实际流量特性测试方法，通过多方面的试验比对以及对异常数据的自动判定和替换，保证了煤耗数据的准确性，确保电网节能发电调度取得实效。

本书成果解决了火力发电行业的系列关键技术难题。自项目应用以来，提高了机组运行经济性、可靠性和安全性的同时，有效降低了包括 SO_x、NO_x、$PM_{2.5}$ 等在内的各类污染物的排放，为减少雾霾天气、改善空气质量做出了巨大贡献，取得了良好的经济效益、环保效益和社会效益。

参 考 文 献

[1] 中国煤炭工业协会. 中国煤炭分类：GB/T 5751—2009. 北京：中国标准出版社, 2010.

[2] 白正刚, 刘建华, 王礼, 等. DG1025/18.2-II7 型“W”火焰炉燃烧特性研究. 山西电力技术, 1998, (3):1-4,9.

[3] 阎维平, 高正阳, 姜平. 300MW 机组 W 型火焰锅炉燃烧调整试验研究. 动力工程, 1999, 19(1):23-26.

[4] 程智海, 金鑫, 张富祥, 等. W 火焰锅炉的燃烧调整. 动力工程，2009, 29(2):129-133.

[5] 冯强, 魏同生, 姜浩. 600MW 超临界“W”火焰锅炉启动过程中水冷壁超温原因分析. 河北电力技术, 2013, 32(6):48-49.

[6] 刘大猛, 罗小鹏, 陈玉忠, 等. 超临界无炉水循环泵机组启动初期屏式过热器超温分析及控制. 锅炉技术，2015, 46(4):77-80.

[7] 张锐锋, 袁景淇. 基于机理建模的煤质辨识技术研究与工程实践. 贵州电力技术, 2013, 16(12):7-10.

[8] 袁嘉婧, 袁景淇, 郭广跃, 等. 基于宏观能量衡算的火力电站锅炉侧模型. 控制工程, 2010, 17(5):9-11.

[9] 范从振. 锅炉原理. 北京:中国电力出版社, 1998.

[10] 全国锅炉压力容器标准化技术委员会. 电站锅炉性能试验规程: GB/T 10184—2015. 北京：中国标准出版社, 2015.

[11] ASME PTC4-2008. 锅炉性能试验规程. 阎维平，译. 北京: 中国电力出版社, 2004.

[12] 陈听宽，罗毓珊，胡志宏，等. 超临界锅炉螺旋管圈水冷壁传热特性的研究. 工程热物理学报，2004, 25(2):247-250.

[13] 郭广跃, 袁景淇, 袁嘉婧, 等. 自然循环锅炉汽水系统动态模型的建立. 控制工程，2010, 17(5):39-41.

[14] 袁景淇, 蔡惟, 张锐锋, 等. 锅炉水冷壁吸热量的实时测量方法: ZL2010105538864. 2012.

[15] 常爱英. 煤粉着火特性试验研究. 杭州：浙江大学硕士学位论文, 2002.

[16] 石践. 福斯特惠勒拱型锅炉设计的特点及其大型化.贵州电力技术, 1998. (2):24-26.

[17] 国家能源局. 大容量煤粉燃烧锅炉炉膛选型导则：DL/T 831—2015. 北京：中国电力出版社, 2015.

[18] 张绮，潘挺. W 型火焰锅炉燃烧系统的设计与优化. 发电设备，2010, 24(3):180-184.

[19] 杨秋梅. 国内外 W 型电站锅炉燃烧技术综述. 锅炉制造, 1995, (1):5-19.

[20] 刘纯林, 张薇. 基于高温悬浮态实验的煤粉燃烧动力学分析.煤炭转化, 2008, 31(1):57-60.

[21] 石践, 张建兴, 刘凌峰, 等. 安顺发电厂 W 型火焰锅炉燃烧调整试验研究. 中国电机工程学会低挥发分煤的燃烧与 W 型火焰锅炉专题研讨会论文集，2001, (8):62-65.

[22] 国家能源局. 电站磨煤机及制粉系统选型导则：DL/T 466—2017. 北京：中国电力出版社, 2017.

[23] 高正阳, 孙小柱, 宋玮, 等. W 型火焰锅炉结构效应对火焰影响的数值模拟. 中国电机工程学报，2009, 29(29):13-18.

[24] 方庆艳, 周怀春, 汪华剑，等. W 火焰锅炉结渣特性数值模拟. 中国电机工程学报, 2008, 28(23):1-7.

[25] 车刚, 何立明, 惠世恩, 等. 改造W型火焰锅炉结构的实验研究. 锅炉技术, 2000, 31(5):6-11,17.

[26] 刘大猛, 罗小鹏, 陈玉忠, 等. 600MW超临界W型火焰锅炉冷态空气动力场试验研究. 贵州电力技术, 2012, 15(9):22-24.

[27] 刘峰. 高海拔低压煤粉燃烧特性的热重实验研究. 武汉：华中科技大学硕士学位论文, 2009.

[28] 陈镜泓, 李传儒.热分析及其应用. 北京:科学出版社, 1983.

[29] 菲尔德 M A, 吉尔 D W. 煤粉燃烧. 章明川, 等, 译. 北京:水利电力出版社, 1989.

[30] Cumming J W. Reactivity of coals via a weighted mean activation energy. Fuel, 1984, 63(10): 1436-1440.

[31] 冯晓东, 王渐芬, 李敏, 等. 煤燃烧特性研究方法概述.能源工程, 1998(1):24-26.

[32] 罗小鹏, 石践, 陈玉忠, 等.煤粉在平面火焰携带流反应系统中着火延迟特性试验. 热力发电, 2016, 45(8):37-42.

[33] 莫乃榕. 工程流体力学. 武汉:华中科技大学出版社, 2000.

[34] 梁晓宏, 樊建人, 岑可法. W型火焰煤粉锅炉炉内三维流动和燃烧过程的数值模拟. 中国电机工程学报, 1997, 17(4):243-247.

[35] 王为术, 刘军, 张红生. W火焰锅炉炉内三维流场和颗粒运动轨迹的数值模拟. 华北水利水电学院学报, 2010, 31(4):64-68.

[36] Lockwood F C, Shah N G. A new radiation solution method for incorporation in general combustion prediction procedures. Symposium on Combustion, 1981, 18(1):1405-1414.

[37] 陈建元, 孙学信. 煤的挥发分释放特性指数及燃烧特性指数的确定. 动力工程, 1987, (5):13-18,61.

[38] Spalding D B. Mathematical models of turbulent flames: A review. Combustion Science & Technology, 1976, 13(1-6): 3-25.

[39] Patankar S V. Numerical Heat Transfer and Fluid Flow. New York: McGraw-Hill, 1980.

[40] 赵坚行.燃烧的数值模拟. 北京:科学出版社, 2002.

[41] 刘彦丰, 席光辉, 石践. F二次风下倾对W型火焰锅炉燃烧影响的数值模拟研究. 热力发电, 2013. 42(9):38-44.

[42] 石践，陈玉忠，侯玉波. 二次风下倾角度对 FW 型 W 火焰锅炉炉内流场和燃烧的影响. 热力发电, 2013, 42(1):56-58.

[43] 陈玉忠, 石践, 罗小鹏. 缝隙式燃烧器“W”火焰锅炉燃烧系统改造后燃烧调整及运行特性分析. 中国电机工程学报, 2011, 31(12):212-216.

[44] 陈玉忠, 石践, 罗小鹏, 等. 新型缝隙式直流燃烧器的研究与应用. 中国电力，2012, 45(4):51-53.

[45] 单凤玲, 王新华. W火焰双拱燃烧锅炉燃用无烟煤燃尽率低的原因分析. 热力发电，2003, 32(4):21-23.

[46] 陈玉忠, 罗小鹏, 周科, 等.防止对冲锅炉结渣的燃尽风调整结构: ZL201420585010.1. 2015.

[47] 罗小鹏, 石践, 曾令强, 等. 600MW级双拱燃烧锅炉热效率低原因分析及燃烧调整. 2015年中国电机工程学会年会会议论文集, 2015, 35(1): 467-473.

[48] 石践, 席光辉, 刘彦丰. 拱下二次风下倾角度可调的 W 型火焰锅炉燃烧特性试验分析. 热力发电, 2012, 41(12):25-29.

[49] 黄锡兵, 陈玉忠, 罗小鹏. 600MW 超临界机组锅炉启动系统特点与运行控制. 贵州电力技术, 2014, 17(3):12-13,35.

[50] 樊泉桂, 阎维平. W火焰锅炉调峰特性的探讨.华北电力学院学报, 1995, 22(1):40-45.

[51] 王磊, 许明峰, 杜青林, 等. 660MW“W”火焰超临界锅炉调试.锅炉技术, 2012, 43(3):20-23.

[52] 王为术, 朱晓静, 毕勤成, 等. 超临界 W 型火焰锅炉垂直水冷壁低质量流速条件下热敏感性研究. 中国电机工程学报, 2010, 30(20):15-21.

[53] 刘大猛, 罗小鹏, 陈玉忠, 等. 超临界 W 火焰锅炉炉水循环泵运行特性研究. 电站系统工程, 2014, 30(2):34-36.

[54] 文贤馗, 方朔. 蒸汽吹管期间的危险点辨识及预防措施. 电力建设, 2008, 29(11):95-96.

[55] 文贤馗, 申自明. 锅炉蒸汽吹管采用汽泵供水的工程实践. 电力建设, 2005, 26(6):35-36, 44.

[56] 罗小鹏, 石践, 黄锡兵, 等. 超临界 W 型火焰锅炉垂直水冷壁水动力特性研究. 锅炉技术, 2016, 47(1):9-14, 44.

[57] 刘大猛, 罗小鹏, 陈玉忠,等. 超临界“W”火焰锅炉炉水循环泵调试问题的分析.贵州电力技术, 2013, 16(5):8-11.

[58] 黄伟, 苏国红. 世界首台 600MW 超临界燃用无烟煤 W 型火焰锅炉典型工况对水冷壁安全的研究. 2010 年中国电机工程学会年会会议论文, 2010, 30(1): 55-69.

[59] 尹猛, 赵明, 陈鸿伟. 600MW 超临界 W 火焰锅炉水冷壁超温分析. 云南电力技术, 2013, 41(8):54-57.

[60] 刘佳利, 冯立斌, 赵明. 超临界 W 火焰锅炉壁温超温分析. 工业加热, 2014, 43(1):40-42.

[61] 梁晓斌. 防止“W”火焰锅炉水冷壁拉裂的优化设计探讨. 广西电力, 2013, 36(5):79-81.

[62] 李铁, 冉燊铭, 盛佳眉, 等. 600MW 超临界 W 型火焰锅炉水冷壁开裂原因初探及对策. 东方电气评论, 2013, 27(108):35-43.

[63] 于猛, 俞谷颖, 张富祥, 等. 超临界变压运行锅炉垂直上升内螺纹管的传热特性.动力工程学报, 2011, 31(5):321-324.

[64] 蔡宏, 吴燕华, 杨冬. 低质量流速优化内螺纹管的传热特性试验研究.中国电机工程学报, 2011, 31(26):65-70.

[65] 上海发电设备成套设计研究所. 电站锅炉水动力计算方法. 无锡: 江苏省机械工业锅炉科技情报网, 1984.

[66] 周强泰. 两相流动与热交换. 北京:水利电力出版社, 1987.

[67] 张志正, 周云龙. 垂直管屏式直流锅炉热态水动力调整方法. 热能动力工程, 2004, 19(1):95-97.

[68] 李侠, 何奇善. 直吹式制粉系统磨煤机风量测量装置及其标定. 华北电力技术, 2010, (12):6-11.

[69] 薛银春, 龚家彪. 充分发展圆管流流速分布统一模型及其平均流速位置的研究. 计量学报, 1985, 6(4):274-278.

[70] 刘大猛, 石践, 席光辉, 等. 基于风量测量的圆管流场分布及平均速度位置特性研究. 贵州电力技术, 2016, 19(10):7-11.

[71] 罗小鹏, 张建兴, 冉景川, 等. 兴义电厂超临界机组的精细化调试. 贵州电力技术，2014, 17(3):4, 10-11.

[72] 王晓放, 李刚, 周宇阳,等. 汽轮机虚拟传感器数据前处理 DPS 算法及其应用. 大连理工大学学报，2007, 47(5):657-661.

[73] 陈波, 胡念苏, 周宇阳, 等. 汽轮机组监测诊断系统中虚拟传感器的数学模型. 中国电机工程学报, 2004, 24(7):253-256.

[74] 赵瑜, 周宇阳, 胡念苏. 基于遗传算法的虚拟传感器输入参数的优选. 动力工程, 2003, 23(4):2552-2556.

[75] 赵瑜, 胡念苏, 周宇阳. 基于径向基神经网络的热力参数虚拟传感器. 汽轮机技术, 2002, 44(6):356-358.

[76] 付旭, 丁建设, 潘军民, 等. 基于模型预测控制的火力发电厂主蒸汽温度优化. 电气技术, 2014, 1:126-127.

[77] 潘铁彪, 袁景淇, 朱凯, 等. 基于多层感知器的异常数据实时检测方法. 上海交通大学学报, 2011, 45(8):1226-1229.

[78] 张锐锋, 安波, 李小军, 等. 基于模型煤发热量软测量的 BTU 校正方法分析. 热力发电, 2015, 44(11):43-47.

[79] 王智微, 葛新等. 贵州节能发电调度煤耗在线监测系统的研究与开发. 二〇〇九年全国电力企业信息化大会论文集, 2009, 639-645.

[80] 刘文铁, 阮根健, 孙洪宾, 等. 锅炉热工测试技术. 哈尔滨:哈尔滨工业大学出版社, 1989.

[81] 国家能源局. 火力发电机组煤耗在线计算导则：DL/T 262—2012. 北京：中国电力出版社, 2012.

[82] 贵州省经济和信息化委员会. 贵州省节能发电调度煤耗在线监测系统比对试验导则：DB 52/T 726－2011. 贵阳: 贵州省质量技术监督局, 2011.

[83] 文贤馗, 方朔, 钟晶亮, 等. 节能发电调度煤耗在线监测系统比对试验研究及应用. 2013 年中国电机工程学会年会论文集, 2013, 33(1): 634-638.

[84] 吴鹏, 柏毅辉, 张锐锋, 等. 汽轮机阀门流量特性试验及管理曲线优化. 电站系统工程, 2017, 33(2):49-51, 55.